数字信号处理

郭永彩　廉飞宇　林晓钢　编著

重庆大学出版社

内 容 简 介

本书系统地阐述了数字信号处理的基本概念、基本原理、分析方法以及处理技术。全书共分 5 章,内容包括离散时间信号与系统的基本概念、时域分析、频域分析以及 Z 域分析;离散傅里叶变换及其快速算法,快速傅里叶变换的应用;信号的相关以及频谱分析;数字滤波器的基本概念、设计方法以及实现的网络结构。结合各章的重点和难点内容,配有例题和习题。

本书着重基础知识和理解深度,对各知识点的叙述严谨、简洁明了,强调理论与技术应用的结合。本书可作为普通高等院校信息工程、电子科学与技术、测控技术与仪器、生物医学工程、自动化、通信与信息处理等电子信息类专业本科生的教材,也可供从事数字信号及信息处理方面工作的教师和科技工作者参考。

图书在版编目(CIP)数据

数字信号处理/郭永彩,廉飞宇,林晓钢编著.—重庆:重庆大学出版社,
2009.8(2019.9 重印)

(测控技术与仪器专业本科系列教材)

ISBN 978-7-5624-5061-0

Ⅰ.数… Ⅱ.①郭…②廉…③林… Ⅲ.数字信号—信号处理—高等学校—
教材 Ⅳ.TN911.72

中国版本图书馆 CIP 数据核字(2009)第 140970 号

数字信号处理

郭永彩 廉飞宇 林晓钢 编著

责任编辑:彭 宁 文 鹏   版式设计:彭 宁
责任校对:夏 宇   责任印制:张 策

*

重庆大学出版社出版发行
出版人:饶帮华
社址:重庆市沙坪坝区大学城西路 21 号
邮编:401331
电话:(023) 88617190 88617185(中小学)
传真:(023) 88617186 88617166
网址:http://www.cqup.com.cn
邮箱:fxk@ cqup.com.cn (营销中心)
全国新华书店经销
POD:重庆新生代彩印技术有限公司

*

开本:787mm×1092mm 1/16 印张:10.25 字数:256千
2009年8月第1版 2019年9月第3次印刷
ISBN 978-7-5624-5061-0 定价:35.00元

前言

随着现代信息科学和计算机技术的进步,数字信号处理作为一门理论与技术应用密切结合的学科得到了飞速的发展和各个领域的广泛应用。数字信号处理的基础知识是信息工程、电子科学、通信工程等电子信息类专业必须掌握的专业基础知识和必修内容。为了满足教学中对数字信号处理教材的需求,同时结合学科发展带来的新技术与新应用,在参考国内外同类优秀教材的基础上编写了这本教材用书。

在编写本书的过程中,有一个清晰的指导思想和明确的用书定位,那就是用作大学本科生教材。基于这个出发点,本书力求具有以下几个特点:

(1)根据教学大纲的要求,在内容的组织安排上重点放在必须讲授的基础知识,同时不失课程内容的完整性。

(2)强调基本概念和基本理论,突出各章节的重难点内容。在对各知识点的叙述中,理论推导严谨,阐述简单明白易懂,既体现本课程理论性强的特点又感觉浅显易学。

(3)注意理论知识与实际应用的联系。数字信号处理是一门理论性和实践性都很强的课程。在编写时充分注意到这一特点。在论述理论知识点的同时讲述在实践应用中的实际考虑情况,并给出适当的例题。这不仅利于对理论知识的理解,同时增加了对知识运用的实感。

全书内容共分5章。

第1章概述了信号、系统、信号处理的基本概念,数字信号处理的发展历史和特点,数字信号处理的主要内容与关联关系以及数字信号处理技术的典型应用。

第2章论述离散时间信号与系统的基本理论,也是本课程的重点内容之一。首先讨论了离散时间信号的时域分析,主要是序列信号的描述以及典型序列介绍;重点讨论线性移不变离散时间系统的时域分析,内容包括线性移不变系统的定义,单位取样响应、卷积计算方法、系统的稳定性和因果性以及差分方程的数值解法;接着论述了离散时间信号与系统的变换域分析方法,包括频域分析和 Z 域分析,推导引入离散时间序列的傅里叶变换(DTFT),建立序列频谱和系统频率响应特性的概念,强调物理意义的理解;作为数学工具将 Z 变换引入离散时间信号与系统的分析之中,重点是系统函数的应用;最后讨论了模拟信号的数字处理方法以及取样定理。

第 3 章讨论了离散傅里叶变换及其快速算法。这是数字信号处理的重要工具。本章以严谨的数学推导为基础,引入傅里叶变换的四种形式,给出定义和性质,重点放在快速算法(FFT)及其应用上面。讨论了 FFT 的算法依据,基本的时域抽取、频域抽取基 2 算法,其他的实用算法及其在计算线性卷积与线性相关中的应用。

第 4 章讨论相关与谱分析。频谱分析是数字信号处理的主要内容之一。本章主要讨论连续确知信号的频谱分析,首先介绍了频谱分析的原理并进行公式推导,重点分析误差来源、减少误差的措施以及参数的选择,接着讨论了离散时间序列以及周期信号的频谱分析方法,最后讨论了序列的相关分析、功率谱和能量谱分析。

第 5 章讨论数字滤波器的设计和实现结构。滤波器的设计和实现是数字信号处理的另一主要内容。首先概述了滤波器的概念以及分类,数字滤波器的一般设计步骤。重点描述了基于模拟原型滤波器的 IIR 数字滤波器的设计方法,描述了线性相位 FIR 滤波器的特点以及典型的两种设计方法:窗口法和频率取样法,最后讨论了 IIR 数字滤波器和 FIR 数字滤波器的基本网络结构。

本门课程的先修课程是信号与系统、程序设计、Matlab 语言等。教学参考时数为 45~50 学时。

本书由郭永彩主编。第 1 章及第 2 章、第 4 章由郭永彩编写,其中 2.4 节由郭春华编写;第 3 章由廉飞宇编写;第 5 章由林晓钢编写。

由于时间仓促和作者水平有限,书中难免存在问题和错误,殷切希望广大读者批评指正。

编　者
2009 年 6 月

目录

第**1**章

绪　论

1.1　数字信号处理的发展历史

数字信号处理是自 20 世纪 60 年代以来迅速发展的一门学科,它的发源最早可以追溯到 17 世纪。当时出现了有限差分方法、数值积分方法和数字内插方法,用以解决与连续变量和函数相关的物理问题。大约在 20 世纪 50 年代,随着大型数字计算机的出现,数字信号处理才开始真正兴起。最初的应用主要是对模拟信号处理方法的仿真。直到 20 世纪 60 年代,数字信号处理的理论才基本形成。1965 年,库利(J. W. Cooley)和图基(J. W. Tukey)提出了快速傅里叶变换(FFT),用于实现离散傅里叶变换(DFT)的快速计算;20 世纪 70 年代,大规模集成电路(LSI)以及芯片技术的发展进一步为数字信号处理的技术实现提供了硬件基础,极大地推动了数字信号处理理论的实际应用。从那时起,数字信号处理的理论和应用研究有了巨大的突破和长足的发展。

1.2　信号处理的基本概念和数字信号处理的特点

1.2.1　信号和信号处理的基本概念

(1)信号的概念

信号广泛存在于自然界和我们的日常生活中,比如我们听到的声音、看到的图片、感受到的温度和压力等。信号究竟怎么定义呢? 所谓信号就是含有信息的载体。它可以是传载信号的函数,也可以是携带信息的任何物理量。信号可以是客观存在的,也可以是人为有目的产生的。根据载体的不同,信号可以是电的、磁的、光的、声的、机械的、热的等等。但在各种信号中,电信号是最便于传输、处理和重现的,因此也是应用最广泛的。许多非电信号如温度、压力都可通过适当的传感器变换成电信号,所以对电信号的研究具有普遍的意义。从数学上,信号都可以表示为独立自变量的函数。根据函数的不同特征,可对信号进行分类。根据函数自变量个数为一个、二个或多个,可将信号分为一维信号、二维信号或多维信号;根据函数取值为确定值或随机取值,信号分为确知信号和随机信号。例如心电图、脑电图,就是随时间变化的一维自然信号,它反映了一个人心脏和大脑活动的信息,图像就是随空间变量变化的二维信号。在这里对信号的讨论限定为一维的确知电信号,即一维时间函数 $x(t)$。函数值也称为信号的幅度值,简称幅值。

根据 $x(t)$ 的自变量及函数值是否连续可将信号分为 4 种形式,如图 1.1 所示。

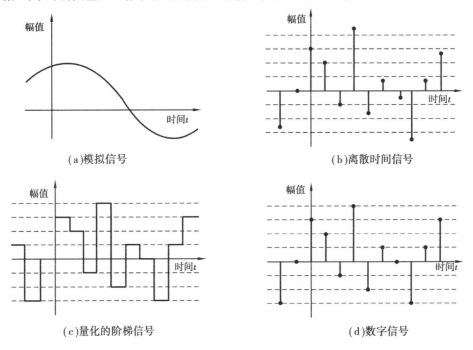

(a)模拟信号   (b)离散时间信号

(c)量化的阶梯信号   (d)数字信号

图 1.1

(a)模拟信号,也称连续时间信号。时间自变量 t 和表示信号的函数值 x 都是连续变化的,如图 1.1(a)所示。

(b)离散时间信号,也称抽样信号序列。时间自变量 t 取离散值 nT,而函数 x 是连续变化的,记为 $x(n)$,n 取整数,T 为时间间隔,如图 1.1(b)所示。

(c)量化的阶梯信号。时间自变量 t 连续,但幅值 x 取量化值,如图 1.1(c)所示。

(d)数字信号。自变量 t 和函数 x 均取离散值,数字信号就是幅值量化的离散时间信号,如图 1.1(d)所示。

(2)系统的概念

系统的定义是处理(或变换)信号的物理装置(或设备)。或者说,凡是对信号进行加工、变换达到预期目的的各种装置(或设备)都称为系统。一般将能够直接处理模拟信号、离散时间信号和数字信号的系统分别称为模拟系统、离散时间系统和数字系统。

模拟系统通常由电阻、电容、电感、半导体元件以及模拟集成电路等组成,系统的输入输出均为模拟信号。离散时间系统通常由电荷耦合器件以及开关电容组成,系统的输入输出均为离散时间信号。数字系统通常由数字逻辑电路以及各种单元电路组成,包括运算单元、存储单元、逻辑控制单元以及 CPU 等,系统的输入输出都是数字信号。

随着模数转换器的转换精度越来越高和计算机的字长不断增加,信号的幅度在量化过程中的误差越来越小。若忽略这些误差,数字信号就可以等同于离散时间信号,数字系统就可以等同于离散时间系统,从而实现对离散信号的数字化处理。

(3)信号处理的概念

信号处理是指用系统对信号进行某种加工变换的过程。数字信号处理就是用数字方式和手段对数字信号所进行的各种运算、加工、变换等过程。通常以 PC 机或专用 DSP 装置为硬件平台,以信号处理算法为工具,实现信号中有用信息的提取,达到认识信号、利用信号并将它用于实际的目的。从这个意义上讲,数字系统的定义应推广为对数字信号进行加工、变换和运算处理的硬件装置、软件程序以及二者的结合体。

1.2.2 数字信号处理的特点

数字信号处理的实质是用数值计算的方法在一定的程序或时序控制下完成对信号的各种运算。实现这一功能的数字系统类似于具有特定功能的专用计算机。与模拟信号处理相比,数字信号处理具有以下特点:

(1)处理精度高

在模拟系统中,信号处理的精度主要由系统元件决定,一般应用情况下要达到 10^{-3} 都较难,而且模拟电路的噪声、外部干扰以及环境温度等都会影响处理精度。数字系统中处理精度主要由字长决定,普通 17 位字长系统精度就可以达到 10^{-5}。

(2)可靠性强

数字系统中所有信号和参数都是用"0"、"1"表达,这两个数字电平受环境和噪声影响而导致电平状态改变的可能性较小,系统工作稳定。另一方面,各级数字系统之间是通过数据进行耦合和传递信号的,所以不存在模拟电路中的阻抗匹配问题。

(3)灵活性好

数字系统性能是由放在存储器的数据参数决定的,因此易于修改。改变存储器中数据参数内容,即可得到不同性能的数字系统,然而要改变模拟系统,必须改变构成系统的元器件,需要重新设计和制作,难度显然较大。

(4)易于大规模集成

数字部件具有高度规范性,便于大规模集成和生产。由于电路参数的要求不高,故产品成品率高。相比复杂的模拟系统,数字系统体积小、成本低。随着大规模集成电路技术的发展,一个复杂的数字信号处理系统已可以集成在一个芯片上,即所谓的"片上系统"(System on Chip, SOC),它包括实现信号处理的主单元电路和辅助电路,是数字信号处理系统的一种新的实现方法。

1.3 数字信号处理的基本内容

1.3.1 系统的基本组成

数字信号处理相对于模拟信号处理具有许多优点,因此在工程实际中人们经常希望针对模拟信号也采用数字信号处理的技术来进行处理。这时,首先必须将模拟信号经过采样和量化编码形成数字信号,再用数字处理技术进行处理,如果需要,还可将处理结果转换成模拟信号。这种方法称为模拟信号的数字处理方法,其系统组成的基本原理框图如图1.2所示。

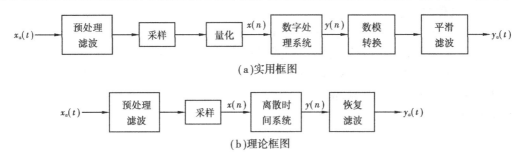

(a)实用框图

(b)理论框图

图1.2　模拟信号的数字处理原理框图

在工程实际中,常将采样和量化编码两部分集成在一起,称为模数转换器,其功能是将模拟信号变换成数字信号。量化编码器的作用是将采样得到的每个信号样值变换成有限二进制编码。

随着计算机和专用数字处理系统的字长不断增加,模数转换器(A/D)和系统参数值的量化误差以及计算误差越来越小。如果忽略这些误差,经过采样得到的抽样信号可等同为经A/D转换后的数字信号,离散时间系统也等价于数字系统。

1.3.2　基本内容

数字信号处理是一门理论和应用密切结合的学科,它的内容包括基本理论、算法和技术实现三方面,三者密不可分。数字信号处理的学科概貌如图1.3所示。

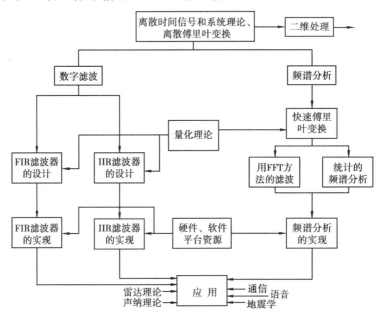

图1.3　数字信号处理的学科概貌

离散时间信号、线性移不变(LTI)系统理论和离散傅里叶变换(DFT)是数字信号处理的理论基础,而数字滤波和数字频谱分析是数字信号处理的两个基本的学科分支。数字滤波领域则分为无限长单位冲激响应(IIR)数字滤波器和有限长单位冲激响应(FIR)数字滤波器两部分内容,包括它们的数学逼近问题、综合问题(包括选择滤波器结构及选择运算字长)以及具体的硬件或计算机软件实现问题。频谱分析包括两部分内容:①确定信号的频谱分析,这可采用离散傅里叶变换(DFT)法来进行分析,或者对于较复杂的情况,可采用线性调频 Z 变换(CZT)。②随机信号的频谱分析,这就是统计的谱分析方法。实际谱分析技术中都要用到快速傅里叶变换(FFT)和一些快速卷积算法。FFT 且可用来实现 FIR 数字滤波运算,而统计频谱分析法又可用来研究数字信号处理系统的量化噪声效应。二维和多维信号处理则是新发展的领域。

　　本课程作为大学本科生的一门专业基础课程,所学的内容为限于现代信号处理理论和专门技术的基础部分。随着电子技术、计算机和超大规模集成电路技术,以及信息技术的飞速发展,信号处理的理论也在不断地丰富与完善,各种新理论和新算法不断出现。应当注意,把一个好的信号处理理论应用于工程实际,需要相应的算法使信号处理灵活高效,并使实现系统简单易行。所以除了基础理论,数字信号处理的算法及其实现技术也是极其重要的研究内容。

1.4　数字信号处理技术的应用

　　数字信号处理应用十分广泛。在日常生活中,我们经常无意识地遇到大量数字信号处理的应用。由于篇幅限制,这里简单列举以下几个方面的应用。

　　(1)**通信工程中的信号变换处理**

　　通信技术实际上就是信号的传输与处理技术。通信系统的基本功能由放大、衰减、滤波、均衡、调制解调、多路复用、同步与变换等构成。以前这些功能都是用模拟电路实现,目前越来越多地被数字电路所代替。而且在编码调制、信号的加解密、频分复用与时分复用的转换以及在通信网络的控制与切换、通信系统的性能测试等方面也都使用了数字信号处理技术。

　　(2)**语音信号处理**

　　在目前的语音信号处理中,语音信号的压缩、语音的分析与合成、语音的检测与识别以及语言理解,都是通过数字处理系统和技术来实现的。

　　在混音阶段用到了不同类型的信号处理技术,有些用来修改声音信号的频谱特性并加入特殊效果,还有些用来增强传输媒质的质量。典型的应用是均衡器和滤波器。不同类型的滤波器用来修改录音的频率响应或监测信息。这样的滤波器称为斜坡滤波器,它在声音频率范围的低端或者高端提供增强(上升)或切断(下降)的频率响应,而不影响声音谱其余范围的频率响应。典型的均衡器由一个低频斜坡滤波器、一个高频斜坡滤波器和三个或更多参数可调(在整个音频频谱范围内对均衡器频率响应进行调整)的峰化滤波器级联组成。在参数均衡器中,其滤波组的每个参数可以独立变化,而不影响其他均衡滤波器的参数。

　　(3)**图像信号处理**

　　人类由视觉获得的信息量约占由五官获得的信息总量的 70% 以上,信息量大,而且包含着多维空间信息,这些都决定了图像处理的复杂性。但是,由于采用了迅速发展的数字信号处理技术,图像信息的传输(通信)和处理(图像增强、识别、压缩、复原等)技术有了显著的进展,是近年来发展比较迅速的一个领域。目前,在国民经济各部门,如空间技术、遥感技术、地形勘测、机械操作自动监测等很多方面都已得到广泛应用。

(4)生物医学信息处理

数字信号处理技术在生物医学及诊断方面的应用也是很有效的。例如通过对反映生物电活动的心电信号、脑电信号、肌电信号的处理,提取信号的数字特征,可及早发现一些用常规方法难以判断的疾病等。另外,如 X 射线计算机断层(CT)技术,血像、血球、肿瘤的识别以及疑难疾患的诊断等也不断取得新的成果。

(5)电子仪器数字化

目前,越来越多的电子仪器利用了数字信号处理技术,例如数字信号源、数字万用表、数字示波器、数字频谱分析仪等。这些仪器都具有高精度、高稳定度、低功耗、小体积以及可编程控制等特点。此外,利用数字处理技术做成信号分析系统,可以计算并显示被测信号的各种参量,如相关函数、功率谱参数等。目前广泛应用的各种自动测试系统,就是仪器与数字信号处理技术相结合的产物。

除上述应用外,在雷达与声纳、自动控制、地球与核物理、地震与振动等技术领域,数字信号处理技术也都得到了广泛的应用。总之,凡是需要对信号进行处理或控制的一切领域都会从数字信号处理技术中得到巨大的帮助。因此,数字信号处理是一个极富生命力的新兴学科。

第**2**章
离散时间信号与系统

数字信号处理所研究的信号基本上都是离散时间信号,处理这类信号的系统称为离散时间系统。它们与真正的数字信号和数字系统之间的差别在绪论中已说明。本章作为数字信号处理的基础,主要讨论离散时间信号与系统的描述、形式和分析方法。而且讨论将从时域、频域以及 Z 域展开,从三个不同角度和层面分析离散时间信号和系统。对离散时间系统重点讨论最经典常用的线性移不变(LTI)系统。

2.1 离散时间信号的时域分析

2.1.1 离散时间信号——序列

一个时间信号表示为 $x(t)$,其自变量时间 t 取等间隔离散值 $(\cdots,-T,0,T,2T,\cdots,nT,\cdots)$ 后得到的结果为 $(\cdots,x(-T),x(0),x(T),x(2T),\cdots,x(nT),\cdots)$,这里 n 取整数,称为离散时间信号。此时信号是由一串大小不等的数值序列构成,故又称序列,简记为 $x(n)$。

序列 $x(n)$ 可以从连续信号 $x_a(t)$ 经抽样而得到,即 $x(n)=x_a(t)\big|_{t=nT}$,其中 T 为抽样时间间隔。另一方面,$x(n)$ 也可以本来就是序列信号。

序列 $x(n)$ 随 n 的变化规律可以用公式表示,也可以用图形表示,或者用一组离散数据的集合表示。

2.1.2 常用的典型序列

最常见的典型序列有单位取样序列、单位阶跃序列、矩形序列、正弦序列以及复指数序列。它们在数字信号处理中扮演的角色和所起的作用与模拟信号处理中的单位冲激信号、单位阶跃信号、矩形信号、正弦信号相当。下面分别给出这些典型序列的定义。

(1)单位取样序列

单位取样序列又称为单位脉冲序列,其定义如下:

$$\delta(n) = \begin{cases} 1, & n = 0 \\ 0, & n \neq 0 \end{cases} \tag{2.1.1}$$

它的图形如图 2.1.1 所示。除 $n = 0$ 时序列幅值取 1 外,其余各点处的序列值均为零。

(2)单位阶跃序列

单位阶跃序列定义为:

$$u(n) = \begin{cases} 1, & n \geq 0 \\ 0, & n < 0 \end{cases} \tag{2.1.2}$$

单位阶跃序列的图形如图 2.1.2 所示,它类似于模拟信号中的单位阶跃信号 $u(t)$,通常用来模拟电源信号的接通过程。$\delta(n)$ 与 $u(n)$ 之间关系如下:$\delta(n)$ 是 $u(n)$ 的一次差分,$u(n)$ 是 $\delta(n)$ 的求和运算,即:

$$\delta(n) = u(n) - u(n-1), u(n) = \sum_{m=-\infty}^{n} \delta(m) \tag{2.1.3}$$

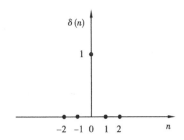

图 2.1.1　单位取样序列　　　　　　　　图 2.1.2　单位阶跃序列

(3)矩形序列

矩形序列定义为:

$$R_N(n) = \begin{cases} 1, & 0 \leq n \leq N-1 \\ 0, & 其他 \end{cases} \tag{2.1.4}$$

式中 N 为矩形序列的长度,其波形如图 2.1.3 所示。矩形序列可用阶跃序列表示如下:

$$R_N(n) = u(n) - u(n-N) \tag{2.1.5}$$

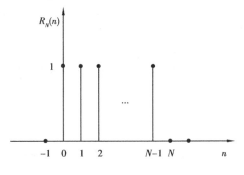

图 2.1.3　矩形序列

(4)指数序列和正弦序列

指数序列和正弦序列是另外两种重要的离散时间序列,其中指数序列定义为:

$$f(n) = a^n \tag{2.1.6}$$

这里 a 为常数。当 a 为实常数时,称为实指数序列;当 a 为复常数时,称为复指数序列。

对实指数序列，$|a|>1$，序列值随 n 指数增加；$|a|<1$，序列值则随 n 指数下降，如图2.1.4 所示。另外，若 a 是正值的话，则 a^n 的所有值都具有同一符号；而当 a 为负值时，则 $f(n)$ 值的符号交替变化。同时也注意到，若 $a=1$，$f(n)$ 就是一个常数；而当 $a=-1$ 时，$f(n)$ 的值就在 $+1$ 和 -1 之间交替改变。

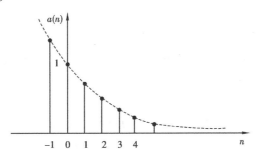

图 2.1.4　实指数系列波形图

当式(2.1.6)中的 a 取 $re^{j\omega}$ 时：

$$f(n) = (re^{j\omega})^n = r^n e^{j\omega n} \qquad (2.1.7)$$

其中 r、ω 为实数。特别是当 $r=1$ 时，可得到另一个重要的复指数序列：

$$f(n) = e^{j\omega n} \qquad (2.1.8)$$

通过欧拉公式展开可得：

$$f(n) = \cos \omega n + j \sin \omega n \qquad (2.1.9)$$

通常情况下，我们把这两种形式的序列统称为复正弦序列，ω 称为数字频率，单位为弧度。该序列在数字信号处理中有着重要的应用，是离散时间信号作傅里叶变换的基函数序列，在下一章的讨论中还会经常用到它。

2.1.3　序列的周期性

设 $x(n)$ 为任意一个序列，如果对所有的 n 存在一个最小正整数 N，使下面等式成立：

$$x(n) = x(n+N), \quad -\infty < n < +\infty \qquad (2.1.10)$$

则称序列 $x(n)$ 为周期序列，且周期为 N。下面讨论一般正弦序列的周期性。

设　　　　　　　　　　$x(n) = A \sin(\omega n + \varphi)$

那么　　　　　$x(n+N) = A \sin(\omega(n+N) + \varphi) = A \sin(\omega n + \omega N + \varphi)$

若要满足 $x(n+N) = x(n)$，则要求 $N = \dfrac{2\pi}{\omega}k$，式中 k 与 N 均取整数，且 k 的取值要保证 N 是最小的正整数，满足这些条件，正弦序列才是以 N 为周期的周期序列。

具体有以下 3 种情况：

①当 $\dfrac{2\pi}{\omega} = N$ 为最小正整数（此时 $k=1$）时，正弦序列 $x(n)$ 是周期序列，周期为 N。

②当 $\dfrac{2\pi}{\omega} = \dfrac{P}{Q}$ 为有理数时，P、Q 为互素的整数，此时要使 $N = \dfrac{2\pi}{\omega}k = \dfrac{P}{Q}k$ 为最小正整数，只有 $k=Q$，此时正弦序列 $x(n)$ 是以 P 为周期的周期序列，且周期 $N = P > \dfrac{2\pi}{\omega}$。

③当 $\dfrac{2\pi}{\omega}$ 是无理数时，任何整数 k 都不能使 N 为正整数，因此，此时的正弦序列 $x(n)$ 不是

周期序列。

正弦序列不同于模拟正弦信号,它不是时间变量的连续函数,可看成是时间离散后的抽样值。由于抽样时间间隔与原信号的周期可以取任意实数值,从而导致所得抽样后的正弦序列不一定具有周期性。

2.1.4 序列的基本运算

对序列的运算是数字信号处理的基本内容之一。下面讨论几种序列的基本运算,设 $x_1(n)$，$x_2(n)$ 是两个已知序列。

(1)**序列的相加**

两个序列相加是指把两个序列 $x_1(n)$，$x_2(n)$ 逐点对应相加,得到一新序列 $y(n)$，记为:

$$y(n) = x_1(n) + x_2(n)$$

实现加运算的器件称为加法器。

(2)**序列的相乘**

两个序列的相乘是指将两个序列 $x_1(n)$，$x_2(n)$ 逐点对应相乘,其相乘结果为:

$$y(n) = x_1(n) \cdot x_2(n)$$

在一些应用中,相乘运算也称为调制,实现调制运算的器件称为调制器。

(3)**序列的标量乘法**

序列的标量乘法是指序列 $x(n)$ 的每个样本乘以一个标量 A，产生的新序列为 $y(n)$，记为 $y(n) = Ax(n)$。实现标量乘法的器件称为乘法器。

(4)**序列移位**

设 $x(n)$ 为任一序列,其移位序列为 $x(n - n_0)$，n_0 为常整数,即:

$$y(n) = x(n - n_0)$$

若 $n_0 > 0$，则序列右移 n_0 个序数,$y(n)$ 称为 $x(n)$ 的延时序列;若 $n_0 < 0$，则序列左移 n_0 个序数,此时 $y(n)$ 称为 $x(n)$ 的超前序列。

(5)**序列的翻转**

序列的翻转也称为序列的折叠运算,记为 $y(n) = x(-n)$，这种运算可用于产生新序列。

(6)**序列的尺度变换**

序列的尺度变换是指:

$$y(n) = x(mn) \text{ 或 } y(n) = x\left(\frac{n}{m}\right)$$

其中,m 为常整数。

$x(mn)$ 表示对序列 $x(n)$ 每隔 m 点取一点,称为对序列 $x(n)$ 的压缩或抽取;$x\left(\dfrac{n}{m}\right)$ 表示对 $x(n)$ 每相邻两解点间插入 $m-1$ 个零值点,称为对序列 $x(n)$ 的伸展或内插。

当 $m = 2$ 时,示例如图 2.1.5 所示。

2.1.5 任意序列的表示

$\delta(n)$ 序列是一种最基本的序列,通过上面的基本运算,任何一个序列可以由 $\delta(n)$ 来构造,即任意序列都可以表示成单位取样序列的移位加权和,如下式:

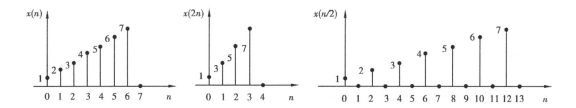

图 2.1.5　序列尺度变换示意图（$m = 2$）

$$x(n) = \sum_{m=-\infty}^{\infty} x(m)\delta(n - m) \tag{2.1.11}$$

这种任意序列的表示方法具有普遍意义,上式在分析线性移不变系统中是一个很有用的公式。

2.2　线性移不变离散时间系统的时域分析

离散时间系统在数学上定义为将输入序列 $x(n)$ 映射成输出序列 $y(n)$ 的唯一性变换或运算。设变换或运算关系用 $T[\,\cdot\,]$ 表示,则输入与输出之间的关系可表示为:

$$y(n) = T[x(n)] \tag{2.2.1}$$

其框图如 2.2.1 所示。

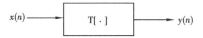

图 2.2.1　离数时间系统的图形表示

根据输入与输出的关系,可将离散时间系统分为四类:线性移不变系统、线性移变系统、非线性移不变系统以及非线性移变系统。其中最重要、最常用的是线性移不变系统。这是因为许多实际的物理过程都可以用它来表征,数学上易于描述,理论上又便于分析。本书中仅限于讨论这类系统。

2.2.1　线性移不变系统的定义

一个离散时间系统同时具有线性和移不变性质,则称该系统为线性移不变系统。

（1）线性系统

线性系统是指满足线性叠加原理的系统,即具有线性性质的离散时间系统。从数学上具体描述如下:

设 $x_1(n)$ 和 $x_2(n)$ 分别为系统的输入序列时,其对应的输出序列分别为 $y_1(n)$ 和 $y_2(n)$,即:

$$y_1(n) = T[x_1(n)], y_2(n) = T[x_2(n)] \tag{2.2.2}$$

又设输入序列 $x(n) = ax_1(n) + bx_2(n)$,a,b 为任意常数,对应的输出序列为 $y(n)$,如果 $y(n)$ 满足下式:

$$y(n) = T[x(n)] = ay_1(n) + by_2(n) \tag{2.2.3}$$

则称该系统满足线性叠加原理,从而具有线性性质。

(2)移不变性

定义:设 $y(n) = T[x(n)]$,对任意常整数 n_0,若

$$y(n - n_0) = T[x(n - n_0)] \qquad (2.2.4)$$

成立,则称该系统为移不变系统,或者说该系统具有移不变性质。

所谓移不变系统是指具有移不变性质的系统,即系统对输入序列的运算关系在整个运算过程中保持不变,或者说系统对输入信号的响应与信号加于系统的时刻无关。系统移不变性也可这样理解:一个系统的功能和特性参数不会随时间发生变化。

例 2.2.1 设某系统输入输出服从下面关系式:

$$y(n) = ax(n) + b$$

式中 a,b 为常数,试证明该系统为移不变系统。

证明 令 $x_1(n) = x(n - n_0)$,其中 n_0 为任一常整数,

则:$y_1(n) = T[x_1(n)] = ax_1(n) + b = ax(n - n_0) + b$

又由已知得:

$$y(n - n_0) = ax(n - n_0) + b$$

由上两式可知,对任意 n_0 有:

$$y_1(n) = T[x(n - n_0)] = y(n - n_0)$$

故该系统为移不变系统。

例 2.2.2 试分析判断 $y(n) = nx(n)$ 是否为移不变系统。

解 已知 $y(n) = nx(n)$,有:

$$y(n - n_0) = (n - n_0)x(n - n_0)$$

又设输入 $x_1(n) = x(n - n_0)$,对应输出为:

$$y_1(n) = T[x_1(n)] = nx_1(n) = nx(n - n_0) \neq y(n - n_0)$$

由此可知,该系统不是移不变系统,而是一个移变系统。

2.2.2 单位取样响应

定义:设任一离散时间系统的输入输出运算关系为 $y(n) = T[x(n)]$,当输入序列 $x(n)$ 为 $\delta(n)$ 时,对应的输出序列 $y(n)$ 称为系统的单位取样响应,记为 $h(n)$,即:

$$h(n) = T[\delta(n)] \qquad (2.2.5)$$

单位取样响应是系统对特定输入 $\delta(n)$ 的响应序列,对任一离散时间系统都存在单位取样响应。

2.2.3 线性移不变系统输入输出关系描述——序列线性卷积

设系统的输入序列为 $x(n)$,它可以表示为单位取样序列的移位加权和,即:

$$x(n) = \sum_{m=-\infty}^{\infty} x(m)\delta(n - m) \qquad (2.2.6)$$

那么,系统对应的输出为:

$$y(n) = T[x(n)] = T\left[\sum_{m=-\infty}^{\infty} x(m)\delta(n - m) \right] \qquad (2.2.7)$$

如果该系统是一线性移不变系统,根据其线性则有:

$$y(n) = \sum_{m=-\infty}^{\infty} T[x(m)\delta(n-m)] = \sum_{m=-\infty}^{\infty} x(m)T[\delta(n-m)] \qquad (2.2.8)$$

又根据移不变性和 $h(n)$ 定义,则有:

$$T[\delta(n-m)] = h(n-m) \qquad (2.2.9)$$

所以此时系统输出为:

$$y(n) = \sum_{m=-\infty}^{\infty} x(m)h(n-m) = x(n) * h(n) \qquad (2.2.10)$$

上式称为序列 $x(n)$ 和 $h(n)$ 的线性卷积,这种运算关系用“ $*$ ”表示。

　　由此可见,一个线性移不变系统,对任意输入 $x(n)$ 的响应 $y(n)$,仅由 $x(n)$ 和 $h(n)$ 的线性卷积求和运算即可得到,此时系统对输入序列的运算关系 $T[\cdot]$ 完全可由 $h(n)$ 代替,如图 2.2.2 所示。因

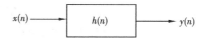

图 2.2.2　线性移不变系统的图形表示

此,单位取样响应 $h(n)$ 从时域描述了一个线性移不变系统,它对这类系统的时域分析计算具有重要意义和作用。简单来说,一个线性移不变系统就是由对应的单位取样响应 $h(n)$ 决定的。

2.2.4　线性卷积的性质和计算方法

(1)性质

线性卷积运算具有“积”的相同性质,即线性卷积运算满足交换律、结合律和分配律,分别用公式表示如下:

$$y(n) = x(n) * h(n) = h(n) * x(n) \qquad (2.2.11)$$

$$y(n) = x(n) * [h_1(n) * h_2(n)] = [x(n) * h_1(n)] * h_2(n) \qquad (2.2.12)$$

$$y(n) = x(n) * [h_1(n) + h_2(n)] = x(n) * h_1(n) + x(n) * h_2(n) \qquad (2.2.13)$$

卷积运算的结合律和分配律应用于实际系统,对应于系统的级联和并联,如图 2.2.3 所示。利用这种连接关系有利于进行复杂系统的分析和设计。

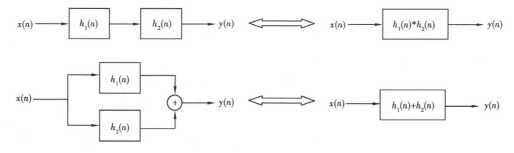

图 2.2.3　线性卷积的结合律和分配律

(2)卷积计算方法

两个序列的线性卷积求和运算的计算方法有图解法和公式法。图解法适于易于作图的序列之间的卷积计算,而公式法适于用闭合函数式表示的序列之间的卷积计算。从式(2.2.10)的定义可知,任一时刻 n 的卷积计算结果 $y(n)$ 是 $x(m)$ 与 $h(m)$ 经过反转并移位 n 个点以后的

$h(n-m)$对应相乘并求和而得到。具体的计算过程通过例子加以说明。

例2.2.3 设$x(n) = a^n u(n)$，$h(n) = R_4(n)$，试用公式法求$y(n) = x(n) * h(n)$。

解 由卷积的定义公式有：$y(n) = h(n) * x(n) = \sum\limits_{m=-\infty}^{\infty} R_4(m) a^{n-m} u(n-m)$

要计算上式，关键是根据求和号内两个信号的非零值区间，确定求和的上、下限。根据$u(n-m)$，得到$n \geqslant m$时，才能取非零值；根据$R_4(m)$，得到$0 \leqslant m \leqslant 3$时，取非零值。那么$m$要同时满足下面不等式方程组：

$$\begin{cases} m \leqslant n \\ 0 \leqslant m \leqslant 3 \end{cases}$$

才能使$y(n)$取非零值。这样m的取值范围就和n有关系，必须将n进行分段讨论然后计算。

①$n < 0$，不等式方程组无解，所以$y(n) = 0$。

②$0 \leqslant n \leqslant 3$，不等式方程组的解为$0 \leqslant m \leqslant n$，此时

$$y(n) = \sum\limits_{m=0}^{n} a^{n-m} = a^n \frac{1 - a^{-n-1}}{1 - a^{-1}}$$

③$4 \leqslant n$，不等式方程组的解为$0 \leqslant m \leqslant 3$，此时

$$y(n) = \sum\limits_{m=0}^{3} a^{n-m} = a^n \frac{1 - a^{-4}}{1 - a^{-1}}$$

综合起来写成统一表达式，得到的最终结果为：

$$y(n) = \begin{cases} 0 & n < 0 \\ a^n \dfrac{1 - a^{-n-1}}{1 - a^{-1}} & 0 \leqslant n \leqslant 3 \\ a^n \dfrac{1 - a^{-4}}{1 - a^{-1}} & 4 \leqslant n \leqslant \infty \end{cases}$$

例2.2.4 设$x(n) = a^n u(n)$，$h(n) = u(n)$，试用图解法求$y(n) = x(n) * h(n)$。

解 由线性卷积的定义并代入已知序列有：

$$y(n) = x(n) * h(n) = \sum\limits_{m=-\infty}^{\infty} x(m) h(n-m) = \sum\limits_{m=-\infty}^{\infty} a^m u(m) u(n-m)$$

所谓图解法计算卷积就是通过序列波形作图来完成计算。其步骤如下：

①首先将$x(n)$和$h(n)$用$x(m)$和$h(m)$表示，并画出波形如图2.2.4中(a)和(b)所示。

②将序列$h(m)$反转得$h(-m)$并作图如(c)所示。

③将$h(-m)$移位n个点得到移位后的序列$h(n-m)$，如图(d)所示。

④将此时$x(m)$和$h(n-m)$对应相同m的序列值相乘再相加，就得到对应n的卷积结果$y(n)$。比如$n = 1$时，得到$y(1)$。

⑤n逐一取不同的值，将得到对应不同的移位序列$h(n-m)$，重复(3)和(4)步的计算就得到整个结果$y(n)$，如图(e)所示。到此完成卷积计算。

2.2.5 系统的稳定性及因果性

(1)稳定性

定义：系统的稳定性是指对任意一个有界的输入，其对应的输出都是有界的。即：任给$x(n)$，若$|x(n)| < M_1$，则有$|y(n)| < M_2$，这里M_1，M_2均为有界常数。

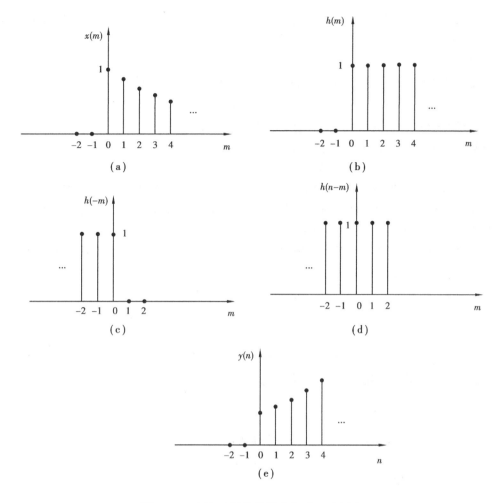

图 2.2.4　图解法计算线性卷积过程示意图

判据:对于线性移不变系统,在时域可用其单位取样响应 $h(n)$ 进行描述。稳定性是一个系统具有的内在性质,因此与 $h(n)$ 有必然联系,从而 $h(n)$ 可作为稳定性的判据。一个线性移不变系统稳定性的时域判据为:

$$S = \sum_{n=-\infty}^{\infty} | h(n) | < + \infty \qquad (2.2.14)$$

即单位取样序列满足绝对可求和条件。推证如下:

对一个线性移不变系统,其输入输出关系通过 $h(n)$ 描述如下:

$$y(n) = x(n) * h(n) = \sum_{m=-\infty}^{\infty} x(n-m)h(m)$$

如果输入有界,即有 $|x(n)| < M_1$,对所有 n 成立,则有:

$$| y(n) | = \left| \sum_{m=-\infty}^{\infty} x(n-m)h(m) \right| \leqslant \sum_{m=-\infty}^{\infty} | x(n-m) | \cdot | h(m) | \leqslant M_1 \sum_{m=-\infty}^{\infty} | h(m) |$$

如果系统稳定,由定义知此时要求 $|y(n)| < M_2$,故必有:

$$S = \sum_{m=-\infty}^{\infty} | h(m) | < + \infty$$

成立。反之,若 $h(n)$ 满足上式,那么在输入 $x(n)$ 有界时,输出 $y(n)$ 也必然有界,从而系统稳定。所以式(2.2.14)是一个线性移不变系统稳定的充分必要条件。

(2)因果性

定义:系统的因果性是指当前时刻的输出 $y(n)$ 只与当前时刻的输入 $x(n)$ 以及过去时刻的输入 $x(n-1),x(n-2),\cdots$ 和输出 $y(n-1),y(n-2),\cdots$ 有关,而与未来时刻的输入 $x(n+1),x(n+2),\cdots$ 和输出 $y(n+1),y(n+2),\cdots$ 无关。

判据:一个线性移不变系统具有因果性的判据为:

$$h(n) = 0, \quad n < 0 \qquad (2.2.15)$$

从式(2.2.10)描述的线性移不变系统输入输出关系知其因果性的判据如式(2.2.15)所示。满足该式的序列通常称为因果序列。换言之,一个线性移不变系统是否具有因果性取决于它对应的单位取样响应序列是否为因果序列。

系统因果性体现的是一个系统的物理可实现性,输入输出具有因果关系的系统才是一个物理上真正可实现系统。

例 2.2.5 已知一个线性移不变系统,其单位取样响应为:

$$h(n) = a^n u(n)$$

试分析和判断该系统是否具有稳定性和因果性(式中 a 为常数)。

解 由题意知:该系统为线性移不变系统,因此可以用单位取样响应序列 $h(n)$ 作为判据进行判别。首先计算该系统的 $h(n)$ 序列的绝对值求和:

$$S = \sum_{n=-\infty}^{\infty} |h(n)| = \sum_{n=-\infty}^{\infty} |a^n u(n)| = \sum_{n=0}^{\infty} |a|^n$$

当 $|a| < 1$ 时,$S < +\infty$,此时系统稳定,否则系统不稳定。

又 $h(n)$ 在 $n < 0$ 时,取值零,显然它是一因果序列,因此该系统是一个因果系统。

例 2.2.6 设系统的输入,输出关系为:

$$y(n) = T[x(n)] = x(n)\sin\left(\frac{2\pi}{T}n + \frac{\pi}{6}\right)$$

试判定该系统是否具有其线性、因果性、移不变性和稳定性。

解 ①∵ $T[x_1(n)] = x_1(n)\sin\left(\frac{2\pi n}{T} + \frac{\pi}{6}\right)$

$T[x_2(n)] = x_2(n)\sin\left(\frac{2\pi n}{T} + \frac{\pi}{6}\right)$

∴ $T[ax_1(n) + bx_2(n)] = [ax_1(n) + bx_2(n)]\sin\left(\frac{2\pi n}{T} + \frac{\pi}{6}\right)$

而 $aT[x_1(n)] + bT[x_2(n)] = [ax_1(n) + bx_2(n)]\sin\left(\frac{2\pi}{T}n + \frac{\pi}{6}\right)$

∴ $T[ax_1(n) + bx_2(n)] = aT[x_1(n)] + bT[x_2(n)]$

因此,系统是线性的。

② ∵ $T[x(n-n_0)] = [x(n-n_0)]\sin\left(\frac{2\pi}{T}n + \frac{\pi}{6}\right)$

而 $y(n-n_0) = x(n-n_0)\sin\left[\frac{2\pi}{T}(n-n_0) + \frac{\pi}{6}\right]$

$\therefore\quad T[x(n-n_0)] \neq y(n-n_0)$

因此,系统不是移不变的,而是移变的。

③如 $x(n)$ 有界,即 $x(n) < M$,则 $T[x(n)] < M\sin\left(\dfrac{2\pi}{T}n + \dfrac{\pi}{6}\right)$ 有界对所有 n 成立,因此,系统是稳定的。

④$y(n) = x(n)\sin(2n\pi/T + \pi/6)$ 只与 $x(n)$ 的当前值有关,而与 $x(n+1)$、$x(n+2)$ 等未来值无关。因此,系统是因果的。

2.2.6　常系数线性差分方程

对一个系统的数学描述主要是输入输出之间的关系。对连续时间系统,通常采用微分方程描述;对离散时间系统就用差分方程进行描述。而其中常用的一类线性移不变系统则可用常系数线性差分方程描述。一个 N 阶常系数线性差分方程用下式描述:

$$\sum_{i=0}^{N} a_i y(n-i) = \sum_{j=0}^{M} b_j x(n-j) \tag{2.2.16}$$

或

$$y(n) = \sum_{j=0}^{M} b_j x(n-j) - \sum_{i=1}^{N} a_i y(n-i), \qquad a_0 = 1 \tag{2.2.17}$$

式中 $x(n)$ 和 $y(n)$ 分别代表系统的输入和输出序列,a_i,b_j 均为常数。

已知系统的输入序列 $x(n)$,可以通过求解差分方程获得系统的输出序列 $y(n)$。对差分方程的求解通常有三种方法:

(1)经典解法

这种方法类似于微分方程的解法,把差分方程的解分为齐次解和特解两部分,由初始条件确定特定系数。该方法较复杂,实际采用较少。

(2)变换域解法

这种方法类似于用拉普拉斯变换求解微分方程。首先将差分方程进行 Z 变换,将时域的差分方程变成 Z 域的代数方程;求解获得 $Y(z)$ 后再进行逆 Z 变换得出输出序列 $y(n)$。该方法相对简单有效,将在本章第四节 Z 变换的应用中详细介绍。

(3)递归解法

这是针对差分方程的一种数值解法,方法简单,适合用计算机求解。它分前向递归和后向递归两步计算。

前向递归:由式(2.2.16)经过变化,左边只保留输出的最高阶次项得:

$$y(n) = \frac{1}{a_0}\left[\sum_{j=0}^{M} b_j x(n-k) - \sum_{i=1}^{N} a_i y(n-i) \right] \tag{2.2.18}$$

将初始条件 $y(-1),y(-2),\cdots,y(-N)$ 以及输入 $x(n)$ 代入上式,即可计算出所有 $n \geqslant 0$ 时的输出 $y(n)$,即 $y(0),y(1),y(2),\cdots,y(+\infty)$。

后向递归:由式(2.2.16)经过变化,左边只保留输出的最低阶次项得:

$$y(n-N) = \frac{1}{a_N}\left[\sum_{j=0}^{M} b_j x(n-j) - \sum_{i=0}^{N-1} a_i y(n-i) \right] \tag{2.2.19}$$

将初始条件 $y(-1),y(-2),\cdots,y(-N)$ 以及输入 $x(n)$ 代入上式,即可计算出所有当 $n \leqslant -N-1$ 时的输出 $y(n)$,即 $y(-N-1),y(-N-2),y(-N-3),\cdots,y(-\infty)$。

综合两部分计算结果,就可得到系统在已知输入 $x(n)$ 和初始条件下对应的输出 $y(n)$。

例 2.2.7 设描述某系统的差分方程为:

$$y(n) - ay(n-1) = x(n) \qquad (a \text{ 为常数})$$

试求初始条件分别为①$y(-1) = 0$;②$y(-1) = 1$ 时的单位取样响应。

解 由题意求系统的单位取样响应,从而知输入 $x(n) = \delta(n)$

①已知 $y(-1) = 0, x(n) = \delta(n)$

将差分方程作前向递归有:

$$y(n) = x(n) + ay(n-1) \qquad (2.2.20)$$

将已知条件代入上式并令 $n = 0, 1, \cdots$ 可得:

$$y(0) = x(0) + ay(-1) = \delta(0) + ay(-1) = 1$$
$$y(1) = x(1) + ay(0) = \delta(1) + ay(0) = a$$
$$y(2) = x(2) + ay(1) = \delta(2) + ay(1) = a^2$$
$$\vdots$$

将差分方程作后向递归有:

$$y(n-1) = \frac{1}{a}\big[-x(n) + y(n)\big] \qquad (2.2.21)$$

同样,将已知条件代入上式并令 $n = -1, -2, \cdots$ 可得:

$$y(-2) = \frac{1}{a}\big[-x(-1) + y(-1)\big] = \frac{1}{a}\big[-\delta(-1) + y(-1)\big] = 0$$

$$y(-3) = \frac{1}{a}\big[-x(-2) + y(-2)\big] = \frac{1}{a}\big[-\delta(-2) + y(-2)\big] = 0$$

$$\vdots$$

综合两部分,最后可得初始条件 $y(-1) = 0$ 时的单位取样响应为:

$$h_1(n) = y(n) = a^n u(n)$$

②已知 $y(-1) = 1, x(n) = \delta(n)$

计算方法同①,将该已知条件代入式 2.2.20 可得:

$$y(0) = \delta(0) + ay(-1) = 1 + a$$
$$y(1) = \delta(1) + ay(0) = a(1 + a)$$
$$y(2) = \delta(2) + ay(1) = a^2(1 + a)$$
$$\vdots$$

又将已知条件代入式 2.2.21,可得:

$$y(-2) = \frac{1}{a}\big[-\delta(-1) + y(-1)\big] = \frac{1}{a}$$

$$y(-3) = \frac{1}{a}\big[-\delta(-2) + y(-2)\big] = \frac{1}{a^2}$$

综合两部分计算结果,在 $y(-1) = 1$ 的初始条件下的单位取样响应为:

$$h_2(n) = a^{n+1}u(-n-1) + (1 + a)a^n u(n)$$

该例子表明,对同一个差分方程和同一个输入,初始条件不同,得到的输出是不同的。换句话说,仅有差分方程描述一个系统是不够的,必须结合初始条件才能完全描述该系统。

同样需要注意,一个常数线性差分方程(含初始条件)可用于描述线性移不变系统,但不意味着它描述的都是线性移不变系统。根据初始条件不同,系统的线性和移不变性可能有所不同。对于大多数情况,零初始条件下常系数线性差分方程描述的是线性移不变系统。

2.3　离散时间信号与系统的频域分析

前两节我们介绍了离散时间信号与系统的时域分析。在时域,离散时间信号的表示就是序列,对离散时间系统的描述是差分方程。差分方程直观地表达了系统输入输出间的关系,在已知输入的情况下,通过对差分方程的求解可得到输出响应。对于线性移不变离散时间系统,还可以用它的单位取样响应进行时域描述,从而把对输出响应的求解变成序列间的卷积计算,从而更加简便。在时域内对信号与系统的描述和分析较直观、物理概念清楚,但仅有这些方法仍是不够或不完善的。比如说从信号的波形上虽看得出信号变化的快慢,但无法判定它的频率成分以及最高频率的信号分量。此外,大多数信号总是伴随有噪声,想要去除噪声保留信号,常用的是低通滤波器,但如何确定滤波器的带宽呢? 这些都需要进一步地对离散时间信号与系统进行频域的分析,所用的数学工具就是傅里叶变换。

2.3.1　序列的傅里叶变换——频谱

离散时间信号的傅里叶变换也就是序列的傅里叶变换(即 Discrete Time Fourier Transform,简称 DTFT)。

定义:对任意一个时间序列 $x(n)$,如果它满足绝对可求和条件 $\sum_{n=-\infty}^{\infty} |x(n)| < +\infty$

则称:

$$X(e^{j\omega}) = \sum_{n=-\infty}^{\infty} x(n) e^{-j\omega n} = \text{DTFT}[x(n)] \tag{2.3.1}$$

为序列 $x(n)$ 的傅里叶变换。式中 ω 称为数字频率,单位是弧度。同时称:

$$x(n) = \frac{1}{2\pi} \int_{-\pi}^{\pi} X(e^{j\omega}) e^{j\omega n} d\omega = \text{IDTFT}[X(e^{j\omega})] \tag{2.3.2}$$

为 $X(e^{j\omega})$ 的傅里叶逆变换。式(2.3.1)和式(2.3.2)是序列傅里叶变换的公式。

序列的傅里叶变换 $X(e^{j\omega})$ 也称为序列的频谱。$X(e^{j\omega})$ 不同于模拟信号的频谱,它是数字频率 ω 的连续周期函数且周期为 2π。但它同时具有与模拟信号频谱相似的物理意义,反映了序列信号构成的频率成分。幅值 $|X(e^{j\omega})|$ 称为幅频谱,相位 $\text{Arg}[X(e^{j\omega})]$ 称为相频谱。序列 $x(n)$ 是由一系列不同频率的正弦序列 $e^{j\omega n}$ 线性叠加构成,其各频率成分的加权系数由 $X(e^{j\omega})$ 确定。

例 2.3.1　求矩形序列 $R_N(n)$ 的频谱。

解:由题意知

$$R_N(n) = \begin{cases} 1, 0 \le n \le N-1 \\ 0, 其他 \end{cases}$$

根据傅里叶变换的定义,将 $R_N(n)$ 代入式(2.3.1)可得:

$$X(e^{j\omega}) = \sum_{n=-\infty}^{\infty} R_N(n) e^{-j\omega n} = \sum_{n=0}^{N-1} 1 \cdot e^{-j\omega n} = \frac{1-e^{-j\omega N}}{1-e^{-j\omega}}$$

$$= \frac{e^{-j\omega N/2}(e^{j\omega N/2} - e^{-j\omega N/2})}{e^{-j\omega/2}(e^{j\omega/2} - e^{-j\omega/2})} = e^{-j\omega(N-1)/2} \frac{\sin(\omega N/2)}{\sin(\omega/2)} \qquad (2.3.3)$$

当 $N=5$ 时,矩形序列的频谱如图 2.3.1 所示。

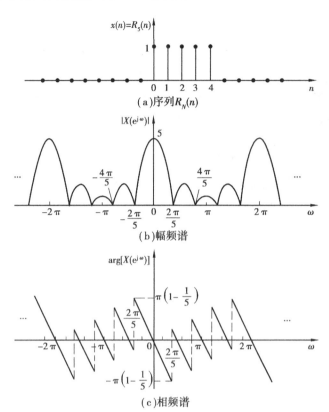

(a)序列 $R_N(n)$

(b)幅频谱

(c)相频谱

图 2.3.1　$R_N(n)$ 的幅频与相频曲线

2.3.2　DTFT 的性质

和任何一种傅里叶变换形式一样,离散时间傅里叶变换也具有许多重要的性质。对这些性质的学习一方面有助于对变换本质的认识,另一方面对用好这一数学工具有重要意义。

（1）线性

设 $X_1(e^{j\omega}) = DTFT[x_1(n)], X_2(e^{j\omega}) = DTFT[x_2(n)]$,则

$$DTFT[ax_1(n) + bx_2(n)] = aX_1(e^{j\omega}) + bX_2(e^{j\omega}) \qquad (2.3.4)$$

式中 a, b 均为常数。

（2）时移性质与频移性质

设 $X(e^{j\omega}) = DTFT[x(n)]$,则:

时移性质　　　　　　　$DTFT[x(n - n_0)] = e^{-j\omega n_0}X(e^{j\omega})$ 　　　　　(2.3.5)

频移性质　　　　　　　$DTFT[e^{j\omega_0 n}x(n)] = X(e^{j(\omega - \omega_0)})$ 　　　　　(2.3.6)

式中 n_0 为常整数,ω_0 为常数。

（3）对称性质

定义 1:设复序列 $x_e(n)$,如果满足

$$x_e(n) = x_e^*(-n) \tag{2.3.7}$$

则称 $x_e(n)$ 为共轭对称序列。

定义 2：设复序列 $x_0(n)$，如果满足

$$x_0(n) = -x_0^*(-n) \tag{2.3.8}$$

则称 $x_0(n)$ 为共轭反对称序列。

任一复序列 $x(n)$ 均可表示为共轭对称序列 $x_e(n)$ 和共轭反对称序列 $x_0(n)$ 之和，即

$$x(n) = x_e(n) + x_0(n) \tag{2.3.9}$$

其中：

$$x_e(n) = \frac{1}{2}[x(n) + x^*(-n)] \tag{2.3.10}$$

$$x_0(n) = \frac{1}{2}[x(n) - x^*(-n)] \tag{2.3.11}$$

类似的，序列的傅里叶变换 $X(e^{j\omega})$ 也可以分解为共轭对称分量和共轭反对称分量之和，即：

$$X(e^{j\omega}) = X_e(e^{j\omega}) + X_0(e^{j\omega}) \tag{2.3.12}$$

其中：

$$X_e(e^{j\omega}) = \frac{1}{2}[X(e^{j\omega}) + X^*(e^{-j\omega})] \tag{2.3.13}$$

$$X_0(e^{j\omega}) = \frac{1}{2}[X(e^{j\omega}) - X^*(e^{-j\omega})] \tag{2.3.14}$$

设复序列 $x(n)$ 和它的频谱 $X(e^{j\omega})$ 均可用实部和虚部表示，即：

$$x(n) = x_r(n) + jx_i(n) \tag{2.3.15}$$

$$X(e^{j\omega}) = X_R(e^{j\omega}) + jX_I(e^{j\omega}) \tag{2.3.16}$$

则 DTFT 的对称性表示为：

$$\text{DTFT}[x_e(n)] = \frac{1}{2}[X(e^{j\omega}) + X^*(e^{j\omega})] = R_e[X(e^{j\omega})] = X_R(e^{j\omega}) \tag{2.3.17}$$

$$\text{DTFT}[x_0(n)] = \frac{1}{2}[X(e^{j\omega}) - X^*(e^{j\omega})] = jI_m[X(e^{j\omega})] = jX_I(e^{j\omega}) \tag{2.3.18}$$

$$\text{DTFT}[x_r(n)] = \frac{1}{2}\text{DTFT}[x(n) + x^*(n)]$$

$$= \frac{1}{2}[X(e^{j\omega}) + X^*(e^{-j\omega})] = X_e(e^{j\omega}) \tag{2.3.19}$$

$$\text{DTFT}[jx_i(n)] = \frac{1}{2}\text{DTFT}[x(n) - x^*(n)]$$

$$= \frac{1}{2}[X(e^{j\omega}) - X^*(e^{-j\omega})] = X_0(e^{j\omega}) \tag{2.3.20}$$

上述对称性表明：序列的共轭对称分量和共轭反对称分量的傅里叶变换分别等于序列傅里叶变换的实部和 j 乘虚部；序列实部的傅里叶变换等于序列傅里叶变换的共轭对称分量，序列虚部乘 j 后的傅里叶变换等于序列傅里叶变换的共轭反对称分量，如图 2.3.2 所示。

如果 $x(n)$ 为实序列，即 $x(n) = x_r(n)$，则其傅里叶变换只有共轭对称分量 $X(e^{j\omega}) = X_e(e^{j\omega})$，即频谱具有共轭对称性 $X(e^{j\omega}) = X^*(e^{-j\omega})$，进而有：

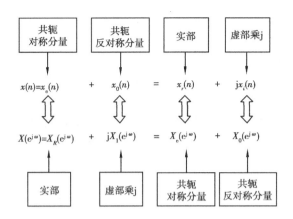

图 2.3.2 序列的两种表示与其 DTFT 的关系

$$\begin{cases} \mid X(\mathrm{e}^{\mathrm{j}\omega}) \mid = \mid X^*(\mathrm{e}^{-\mathrm{j}\omega}) \mid = \mid X(\mathrm{e}^{-\mathrm{j}\omega}) \mid \\ \mathrm{Arg}[\, X(\mathrm{e}^{\mathrm{j}\omega})\,] = -\arg[\, X(\mathrm{e}^{-\mathrm{j}\omega})\,] \end{cases} \tag{2.3.21}$$

上式表明:实序列 $x(n)$ 的幅频谱是 ω 的偶函数,相频谱是 ω 的奇函数。

(4)卷积定理

设 $X(\mathrm{e}^{\mathrm{j}\omega}) = \mathrm{DTFT}[\, x(n)\,]$,$H(\mathrm{e}^{\mathrm{j}\omega}) = \mathrm{DTFT}[\, h(n)\,]$,同时 $y(n) = x(n) * h(n)$,

则
$$Y(\mathrm{e}^{\mathrm{j}\omega}) = \mathrm{DTFT}[\, y(n)\,] = X(\mathrm{e}^{\mathrm{j}\omega})H(\mathrm{e}^{\mathrm{j}\omega}) \tag{2.3.22}$$

证明:由定义有:

$$Y(\mathrm{e}^{\mathrm{j}\omega}) = \mathrm{DTFT}[\, y(n)\,] = \sum_{n=-\infty}^{\infty} y(n)\mathrm{e}^{-\mathrm{j}\omega n}$$

$$y(n) = x(n) * h(n) = \sum_{m=-\infty}^{\infty} x(m)h(n-m)$$

将 $y(n)$ 代入上式:

$$Y(\mathrm{e}^{\mathrm{j}\omega}) = \sum_{n=-\infty}^{\infty} \Big[\sum_{m=-\infty}^{\infty} x(m)h(n-m) \Big] \mathrm{e}^{-\mathrm{j}\omega n}$$

对上式交换求和次序:

$$Y(\mathrm{e}^{\mathrm{j}\omega}) = \sum_{m=-\infty}^{\infty} x(m) \Big[\sum_{n=-\infty}^{\infty} h(n-m)\mathrm{e}^{-\mathrm{j}\omega n} \Big]$$

令 $n-m = n'$,则:

$$\begin{aligned}
Y(\mathrm{e}^{\mathrm{j}\omega}) &= \sum_{m=-\infty}^{\infty} x(m) \Big[\sum_{n'=-\infty}^{\infty} h(n')\mathrm{e}^{-\mathrm{j}\omega(n'+m)} \Big] \\
&= \sum_{m=-\infty}^{\infty} x(m) \Big[\sum_{n'=-\infty}^{\infty} h(n')\mathrm{e}^{-\mathrm{j}\omega n'} \Big] \cdot \mathrm{e}^{-\mathrm{j}\omega m} \\
&= \sum_{m=-\infty}^{\infty} x(m)\mathrm{e}^{-\mathrm{j}\omega m} \cdot H(\mathrm{e}^{\mathrm{j}\omega}) = X(\mathrm{e}^{\mathrm{j}\omega}) \cdot H(\mathrm{e}^{\mathrm{j}\omega}) \text{,于是命题得证。}
\end{aligned}$$

以上是时域卷积定理,同时,还存在频域卷积定理。设 $y(n) = x(n)h(n)$,则有:

$$Y(\mathrm{e}^{\mathrm{j}\omega}) = \frac{1}{2\pi} X(\mathrm{e}^{\mathrm{j}\omega}) * H(\mathrm{e}^{\mathrm{j}\omega}) \tag{2.3.23}$$

证明:由定义知: $Y(\mathrm{e}^{\mathrm{j}\omega}) = \mathrm{DTFT}[\, y(n)\,] = \sum_{n=-\infty}^{\infty} [\, x(n)h(n)\,]\mathrm{e}^{-\mathrm{j}\omega n}$,将傅里叶逆变换代入,

则有：

$$Y(\mathrm{e}^{\mathrm{j}\omega}) = \sum_{n=-\infty}^{\infty} \left[\frac{1}{2\pi} \int_{-\pi}^{\pi} X(\mathrm{e}^{\mathrm{j}\theta}) \mathrm{e}^{+\mathrm{j}\theta n} \mathrm{d}\theta \right] h(n) \mathrm{e}^{-\mathrm{j}\omega n}$$

交换积分与求和的次序,得到：

$$Y(\mathrm{e}^{\mathrm{j}\omega}) = \frac{1}{2\pi} \int_{-\pi}^{\pi} X(\mathrm{e}^{\mathrm{j}\theta}) \cdot \left[\sum_{n=-\infty}^{\infty} h(n) \mathrm{e}^{\mathrm{j}\theta n} \cdot \mathrm{e}^{-\mathrm{j}\omega n} \right] \mathrm{d}\theta$$

$$= \frac{1}{2\pi} \int_{-\pi}^{\pi} X(\mathrm{e}^{\mathrm{j}\theta}) \cdot X(\mathrm{e}^{\mathrm{j}(\omega-\theta)}) \mathrm{d}\theta$$

$$= \frac{1}{2\pi} X(\mathrm{e}^{\mathrm{j}\omega}) * H(\mathrm{e}^{\mathrm{j}\omega}),于是命题得证。$$

(5)**帕斯瓦尔**(Parseval)**定理**

$$\sum_{n=-\infty}^{\infty} | x(n) |^2 = \frac{1}{2\pi} \int_{-\pi}^{\pi} | X(\mathrm{e}^{\mathrm{j}\omega}) |^2 \mathrm{d}\omega \tag{2.3.24}$$

证明：

$$\sum_{n=-\infty}^{\infty} | x(n) |^2 = \sum_{n=-\infty}^{\infty} x(n) x^*(n) = \sum_{n=-\infty}^{\infty} \left[\frac{1}{2\pi} \int_{-\pi}^{\pi} X(\mathrm{e}^{\mathrm{j}\omega}) \mathrm{e}^{\mathrm{j}\omega n} \mathrm{d}\omega \right] \cdot x^*(n)$$

$$= \frac{1}{2\pi} \int_{-\pi}^{\pi} X(\mathrm{e}^{\mathrm{j}\omega}) \left[\sum_{n=-\infty}^{\infty} x^*(n) \mathrm{e}^{\mathrm{j}\omega n} \right] \mathrm{d}\omega$$

$$= \frac{1}{2\pi} \int_{-\pi}^{\pi} X(\mathrm{e}^{\mathrm{j}\omega}) \left[\sum_{n=-\infty}^{\infty} x(n) \mathrm{e}^{-\mathrm{j}\omega n} \right]^* \mathrm{d}\omega$$

$$= \frac{1}{2\pi} \int_{-\pi}^{\pi} X(\mathrm{e}^{\mathrm{j}\omega}) \cdot X^*(\mathrm{e}^{\mathrm{j}\omega}) \mathrm{d}\omega$$

$$= \frac{1}{2\pi} \int_{-\pi}^{\pi} | X(\mathrm{e}^{\mathrm{j}\omega}) |^2 \mathrm{d}\omega$$

于是定理得证。

帕斯瓦尔定理表明,信号时域的总能量等于信号频谱在频域计算的总能量。

表2.3.1给出了DTFT的主要性质。

表2.3.1 **DTFT 的主要性质**

序号	序　列	傅里叶变换(DTFT)
1	$ax_1(n) + bx_2(n)$	$aX_1(\mathrm{e}^{\mathrm{j}\omega}) + bX_2(\mathrm{e}^{\mathrm{j}\omega})$，$a,b$ 为常数
2	$x(n - n_0)$	$\mathrm{e}^{-\mathrm{j}\omega n_0} X(\mathrm{e}^{\mathrm{j}\omega})$，$n_0$ 为常整数
3	$\mathrm{e}^{\mathrm{j}\omega_0 n} x(n)$	$X(\mathrm{e}^{\mathrm{j}(\omega - \omega_0)})$，$\omega_0$ 为常数
4	$x^*(n)$	$X^*(\mathrm{e}^{-\mathrm{j}\omega})$
5	$x^*(-n)$	$X^*(\mathrm{e}^{\mathrm{j}\omega})$
6	$\mathrm{R}_\mathrm{e}[x(n)]$	$X_\mathrm{e}(\mathrm{e}^{\mathrm{j}\omega}) = \frac{1}{2}[X(\mathrm{e}^{\mathrm{j}\omega}) + X^*(\mathrm{e}^{-\mathrm{j}\omega})]$
7	$\mathrm{jI}_\mathrm{m}[x(n)]$	$X_0(\mathrm{e}^{\mathrm{j}\omega}) = \frac{1}{2}[X(\mathrm{e}^{\mathrm{j}\omega}) - X^*(\mathrm{e}^{-\mathrm{j}\omega})]$

续表

序号	序 列	傅里叶变换(DTFT)
8	$x_e(n) = \dfrac{1}{2}\left[x(n) + x^*(-n)\right]$	$R_e\left[X(e^{j\omega})\right]$
9	$x_0(n) = \dfrac{1}{2}\left[x(n) - x^*(-n)\right]$	$jI_m\left[X(e^{j\omega})\right]$
10	$x(n)$为实序列	$X(e^{j\omega}) = X^*(e^{-j\omega})$, $\|X(e^{j\omega})\| = \|X(e^{-j\omega})\|$ $\mathrm{Arg}\left[X(e^{j\omega})\right] = -\mathrm{Arg}\left[X(e^{-j\omega})\right]$
11	$x(n)*h(n)$	$X(e^{j\omega})H(e^{-j\omega})$
12	$x(n)\,h(n)$	$\dfrac{1}{2\pi}X(e^{j\omega})*H(e^{j\omega})$
13	$\displaystyle\sum_{n=-\infty}^{\infty}\|x(n)\|^2 = \dfrac{1}{2\pi}\int_{-\pi}^{\pi}\|X(e^{j\omega})\|^2 d\omega$ 帕斯瓦尔定理	

2.3.3 系统的频域分析——频率响应特性

对于 LTI 系统,时域可以用常系数差分方程或单位取样响应序列 $h(n)$ 来描述,在频域则可以通过频率响应特性来描述一个 LTI 系统。

(1)定义

对一个 LTI 系统,设它的单位取样响应为 $h(n)$,则称

$$H(e^{j\omega}) = \mathrm{DTFT}[h(n)] = \sum_{n=-\infty}^{\infty} h(n)e^{-j\omega n} \qquad (2.3.25)$$

为系统的频率响应特性。

由定义知道,LTI 系统的频率响应特性实际上就是其单位取样响应序列的傅里叶变换。

(2)物理意义

首先考察一个 LTI 系统对输入复指数正弦序列的响应。设 $x_0(n) = e^{j\omega_0 n}$,$h(n)$ 是 LTI 系统的单位取样响应,由时域分析知此时对应的输出响应为:

$$y_0(n) = x_0(n)*h(n) = e^{j\omega_0 n}*h(n) = \sum_{m=-\infty}^{\infty} e^{j\omega_0(n-m)}h(m)$$

$$= \left[\sum_{m=-\infty}^{\infty} h(m)e^{-j\omega_0 m}\right]e^{j\omega_0 n} = H(e^{j\omega_0})e^{j\omega_0 n} \qquad (2.3.26)$$

上式表明:LTI 系统对输入正弦系列的输出响应是同一频率的正弦系列,其幅值由 $\|H(e^{j\omega_0})\|$ 决定,相位由 $\mathrm{Arg}[H(e^{j\omega_0})]$ 确定。

进一步考察当输入 $x_1(n) = e^{j\omega_0 n}u(n)$ 时的系统输出响应。由同样的输入输出关系有:

$$y_1(n) = x_1(n)*h(n) = e^{j\omega_0 n}u(n)*h(n) = \sum_{m=-\infty}^{\infty} e^{j\omega_0(n-m)}u(n-m)\cdot h(m)$$

$$= \sum_{m=-\infty}^{n} e^{j\omega_0(n-m)}\cdot 1 \cdot h(m) = \sum_{m=-\infty}^{n} h(m)e^{-j\omega_0 m}\cdot e^{j\omega_0 n}$$

$$= \left[\sum_{m=-\infty}^{\infty} h(m)e^{-j\omega_0 m} - \sum_{m=n+1}^{\infty} h(m)e^{-j\omega_0 m}\right]e^{j\omega_0 n}$$

$$= H(\mathrm{e}^{\mathrm{j}\omega_0})\mathrm{e}^{\mathrm{j}\omega_0 n} - \Big[\sum_{m=n+1}^{\infty} h(m)\mathrm{e}^{-\mathrm{j}\omega_0 m}\Big]\mathrm{e}^{\mathrm{j}\omega_0 n}$$

$$= y_s(n) - y_t(n) \tag{2.3.27}$$

上式表明:此时的输出响应为两部分之差,其中 $y_s(n)$ 也是和输入相同频率的正弦序列,其幅值和相位仍由频率响应特性 $H(\mathrm{e}^{\mathrm{j}\omega_0})$ 决定,称为系统的稳态响应分量;另一部分 $y_t(n)$ 则随着响应时刻 n 的逐步增大而逐渐减小,对一个稳定系统当 n 是够大时它将趋于零,这部分称为系统的暂态响应分量。

由于输入正弦序列是在 $n=0$ 时刻才开始施加的,系统对它的响应有一段动态过程,然后才会趋于稳定。而暂态响应 $y_t(n)$ 正是反映了系统的这一动态响应过程。

通过上述分析,我们知道 LTI 系统的频率响应特性 $H(\mathrm{e}^{\mathrm{j}\omega})$ 的物理意义是它决定了系统对正弦信号传输的能力以及对正弦信号的稳态响应。不同频率的正弦序列通过 LTI 系统后的稳态输出是同频率的正弦序列,但其幅值大小和相位由对应该频率处的频率响应特性函数值决定。

(3)LTI 系统输入输出之间的频域关系

由时域分析知,对一个 LTI 系统,输入输出之间的时域关系为 $y(n)=x(n)*h(n)$。

根据卷积定理知:

$$Y(\mathrm{e}^{\mathrm{j}\omega}) = X(\mathrm{e}^{\mathrm{j}\omega}) \cdot H(\mathrm{e}^{\mathrm{j}\omega}) \tag{2.3.28}$$

其中 $X(\mathrm{e}^{\mathrm{j}\omega})$ 和 $Y(\mathrm{e}^{\mathrm{j}\omega})$ 分别为输入和输出序列的频谱。

式(2.3.28)表明:一个序列信号通过 LTI 系统后,其输出序列的频谱可能发生改变,但这种改变完全由系统的频率响应特性决定。

类似的,$H(\mathrm{e}^{\mathrm{j}\omega})$ 也可以表示成:

$$H(\mathrm{e}^{\mathrm{j}\omega}) = |H(\mathrm{e}^{\mathrm{j}\omega})| \mathrm{e}^{\mathrm{j}\mathrm{Arg}[H(\mathrm{e}^{\mathrm{j}\omega})]} \tag{2.3.29}$$

式中 $|H(\mathrm{e}^{\mathrm{j}\omega})|$ 为系统的幅频特性,$\mathrm{Arg}[H(\mathrm{e}^{\mathrm{j}\omega})]$ 为相频特性。当 $h(n)$ 为实序列时,幅频特性为 ω 的偶函数,相频特性为 ω 的奇函数。

当 LTI 系统的相频响应特性为线性函数时,即:

$$\mathrm{Arg}[H(\mathrm{e}^{\mathrm{j}\omega})] = -\omega\tau \qquad (\tau\ 为常数) \tag{2.3.30}$$

则称该系统是线性相位系统。

2.4　离散时间信号与系统的 Z 域分析

在线性连续时间系统中,我们使用微分方程描述系统的性能,利用拉普拉斯变换求解系统的响应。然而,在离散时间系统中,我们使用差分方程来描述系统的性能,利用 Z 变换求解系统的响应。

2.4.1　Z 变换的定义及其收敛域

一般的,离散时间信号 $x(n)$ 的 Z 变换定义如下:

$$X(z) = \sum_{n=-\infty}^{\infty} x(n)z^{-n} \tag{2.4.1}$$

其中 z 是一个复变量。为方便起见，$x(n)$ 的 Z 变换通常表示为 $X(z) = Z[x(n)]$，$x(n)$ 和它的 Z 变换 $X(z)$ 之间的关系可用下述符号来表示：

$$x(n) \overset{z}{\longleftrightarrow} X(z) \tag{2.4.2}$$

对于任意序列 $x(n)$，使其 Z 变换 $X(z)$ 收敛的 z 值集合就称为 $X(z)$ 的收敛域（ROC）。

例 2.4.1　求序列 $x(n) = a^n u(n)$ 的 Z 变换和收敛域。

解　由 Z 变换定义式（2.4.1）得：

$$X(z) = \sum_{n=-\infty}^{\infty} a^n u(n) z^{-n} = \sum_{n=0}^{\infty} (az^{-1})^n$$

如要求 $X(z)$ 收敛，就需要 $\sum\limits_{n=0}^{\infty} |az^{-1}|^n < \infty$，因此收敛域便是满足 $|az^{-1}| < 1$ 的 z 值解 $|z| > |a|$，此时有：

$$X(z) = \sum_{n=0}^{\infty} (az^{-1})^n = \frac{1}{1 - az^{-1}} = \frac{z}{z-a}, \qquad |z| > |a| \tag{2.4.3}$$

上式即为序列 $x(n)$ 的 Z 变换表达式，其收敛域为 $|z| > |a|$，当 $a = 1$ 时，$x(n)$ 是单位阶跃序列，其 Z 变换为：

$$x(z) = \frac{1}{1 - z^{-1}}, \qquad |z| > 1 \tag{2.4.4}$$

式（2.4.3）的 Z 变换是一个有理函数，Z 变换可以通过它的零点（分子多项式的根）和极点（分母多项式的根）来描述；但收敛域由极点决定，而与零点无关。对本例而言，有一个零点 $z = 0$ 和一个极点 $z = a$。当数值 a 为 $0 \sim 1$ 的数值时，例 2.4.1 的零极点图和它的收敛域如图 2.4.1 所示，收敛域为图中阴影部分。

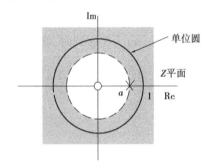

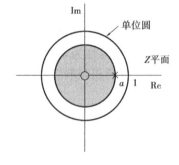

图 2.4.1　当 $0 < a < 1$ 时例 2.4.1
的零极点图及收敛域

图 2.4.2　当 $0 < a < 1$ 时例 2.4.2 的
零极点图和收敛域

例 2.4.2　求序列 $x(n) = -a^n u(-n-1)$ 的 Z 变换和收敛域。

解　由 Z 变换定义式（2.4.1）得：

$$X(z) = -\sum_{n=1}^{+\infty} a^n u(-n-1) z^{-n} = -\sum_{n=-\infty}^{-1} a^n z^{-n} = -\sum_{n=1}^{\infty} a^{-n} z^n = -\sum_{n=1}^{\infty} (a^{-1}z)^n \tag{2.4.5}$$

当 $|a^{-1}z| < 1$ 或 $|z| < |a|$，式（2.4.5）收敛并且有：

$$X(z) = 1 - \frac{1}{1 - a^{-1}z} = \frac{1}{1 - az^{-1}} = \frac{z}{z-a}, \qquad |z| < |a| \tag{2.4.6}$$

当 $0 < a < 1$ 时，本例的零极点图和收敛域如图 2.4.2 所示，收敛域为图中阴影部分。

比较式（2.4.3）和式（2.4.6）及图 2.4.1 和图 2.4.2 可以看出，不同序列可以具有相同的

Z 变换表达式和零极点分布图,但对应的收敛域肯定不同。因此表述 Z 变换时需要 Z 变换的代数表达式和相应的收敛域。同时还可看到当序列是指数序列时,其 Z 变换是有理式。下面再举几例说明无论 $x(n)$ 是实指数还是复指数的线性组合,$X(z)$ 都是有理式。

例 2.4.3 求序列 $x(n) = 7\left(\dfrac{1}{3}\right)^n u(n) - 6\left(\dfrac{1}{2}\right)^n u(n)$ 的 Z 变换和收敛域。

解 由 Z 变换定义式(2.4.1)得

$$
\begin{aligned}
X(z) &= \sum_{n=-\infty}^{+\infty} \left[7\left(\frac{1}{3}\right)^n u(n) - 6\left(\frac{1}{2}\right)^n u(n) \right] z^{-n} \\
&= 7 \sum_{n=-\infty}^{+\infty} \left(\frac{1}{3}\right)^n u(n) z^{-n} - 6 \sum_{n=-\infty}^{+\infty} \left(\frac{1}{2}\right)^n u(n) z^{-n} \\
&= 7 \sum_{n=-\infty}^{+\infty} \left(\frac{1}{3} z^{-1}\right)^n - 6 \sum_{n=-\infty}^{+\infty} \left(\frac{1}{2} z^{-1}\right)^n \qquad (2.4.7) \\
&= \frac{1}{1 - \frac{1}{3} z^{-1}} - \frac{6}{1 - \frac{1}{2} z^{-1}} \\
&= \frac{1 - \frac{3}{2} z^{-1}}{\left(1 - \frac{1}{3} z^{-1}\right)\left(1 - \frac{1}{2} z^{-1}\right)} = \frac{z\left(z - \frac{3}{2}\right)}{\left(z - \frac{1}{3}\right)\left(z - \frac{1}{2}\right)}
\end{aligned}
$$

如要求 $X(z)$ 收敛,式(2.4.7)的两个和式必须同时收敛,也就是要求 $\left|\dfrac{1}{3} z^{-1}\right| < 1$ 和 $\left|\dfrac{1}{2} z^{-1}\right| < 1$,即 $|z| > \dfrac{1}{3}$ 且 $|z| > \dfrac{1}{2}$,因此,$X(z)$ 收敛域是 $|z| > \dfrac{1}{2}$。

2.4.2 Z 变换的基本性质及定理

和其他变换一样,Z 变换也有很多性质。这些性质在离散时间信号和系统的分析中是非常重要的工具,下面我们介绍这些性质。

(1)**线性性质**

若 $\qquad\qquad x_1(n) \overset{z}{\longleftrightarrow} X_1(z) \qquad ROC = R_1$

且 $\qquad\qquad x_2(n) \overset{z}{\longleftrightarrow} X_2(z) \qquad ROC = R_2$

则 $\qquad ax_1(n) + bx_2(n) \overset{z}{\longleftrightarrow} aX_1(z) + bX_2(z), ROC = R_1 \cap R_2 \qquad (2.4.8)$

正如上面所指出的一样,线性组合的收敛域至少是 R_1 和 R_2 相重叠的部分,若 $aX_1(z) + bX_2(z)$ 的极点由 $X_1(z)$ 和 $X_2(z)$ 的所有极点构成(即没有零极点抵消),那么收敛域恰好等于各单个收敛域的重叠部分,如果线性组合中某些零点与极点抵消了,那么收敛域可能会变大。

(2)**时移性质**

若 $\qquad\qquad x(n) \overset{z}{\longleftrightarrow} X(z) \qquad ROC = R$

那么 $\qquad\qquad x(n - n_0) \overset{z}{\longleftrightarrow} z^{-n_0} X(z) \qquad ROC = R, \qquad (2.4.9)$

(3)**频移定理**

若 $\qquad\qquad x(n) \overset{z}{\longleftrightarrow} X(z), ROC = R$

那么
$$z_0^n x(n) \overset{z}{\longleftrightarrow} X\left(\frac{z}{z_0}\right), \quad ROC = |z_0|R \tag{2.4.10}$$

此处 $|z_0|R$ 是 R 的比例形式,也就是说,若 z 是 $X(z)$ 收敛域内的点,那么点 $|z_0|z$ 在 $X\left(\dfrac{z}{z_0}\right)$ 的收敛域内,而且若 $X(z)$ 在 $z = a$ 处有一极点(或零点),那么 $X\left(\dfrac{z}{z_0}\right)$ 在 $z = z_0 a$ 处也存在一极点(或零点)。式(2.4.10)的一个特殊情况是,当 $z_0 = \mathrm{e}^{\mathrm{j}\omega_0}$ 时,此时 $|z_0|R = R$,并且

$$\mathrm{e}^{\mathrm{j}\omega_o n}x(n) \overset{z}{\longleftrightarrow} X(\mathrm{e}^{-\mathrm{j}\omega_o}z) \tag{2.4.11}$$

(4)时间反转

若
$$x(n) \overset{z}{\longleftrightarrow} X(z), \qquad ROC = R$$

那么
$$x(-n) \overset{z}{\longleftrightarrow} X\left(\frac{1}{z}\right) \quad ROC = \frac{1}{R} \tag{2.4.12}$$

也就是说,若 z_0 在 $X(z)$ 的收敛域内,那么 $\dfrac{1}{z_0}$ 在 $X\left(\dfrac{1}{z}\right)$ 的收敛域内。

(5)共轭性

若
$$x(n) \overset{z}{\longleftrightarrow} X(z), \quad ROC = R$$

那么
$$x^*(n) \overset{z}{\longleftrightarrow} X^*(z^*), \quad ROC = R \tag{2.4.13}$$

因此,若 $x(n)$ 为实序列时,可从式(2.4.13)推导出:
$$X(z) = X^*(z^*)$$

所以,若 $X(z)$ 在 $z = z_0$ 处有一极点(或零点),那在复数共轭点 $z = z_0^*$ 处也必定有一极点(或零点)。

(6)卷积性质

若
$$x_1(n) \overset{z}{\longleftrightarrow} X_1(z), \quad ROC = R_1$$

且
$$x_2(n) \overset{z}{\longleftrightarrow} X_2(z), \quad ROC = R_2$$

那么
$$x_1(n) * x_2(n) \overset{z}{\longleftrightarrow} X_1(z)X_2(z), \quad ROC \text{ 包括 } R_1 \cap R_2 \tag{2.4.14}$$

上式中,$X_1(z)X_2(z)$ 的收敛域为 R_1 和 R_2 的交集,若乘积中有零极点抵消时,收敛域会更大。

(7)微分性质

若
$$x(n) \overset{z}{\longleftrightarrow} X(z), \qquad ROC = R$$

那么
$$nx(n) \overset{z}{\longleftrightarrow} -z\frac{\mathrm{d}X(z)}{\mathrm{d}z} \qquad ROC = R \tag{2.4.15}$$

这个性质只要将 Z 变换表达式(2.4.1)两边进行微分就可直接得到。

(8)初值定理

若
$$x(n) = 0, n < 0$$

那么
$$x(0) = \lim_{z \to \infty} X(z) \tag{2.4.16}$$

初值定理的一个直接结果就是:若 $x(0)$ 是有限值,那么 $\lim\limits_{z \to \infty} X(z)$ 也是有限值。若将 $X(z)$ 表示成 z 的两个多项式之比的话,分子多项式的阶数不能比分母多项式的阶数大,或者说,

$X(z)$ 的零点数目不能多于极点数目。

2.4.3　逆 Z 变换及其计算方法

由已知的 $X(z)$ 及所给的 ROC 反求序列 $x(n)$ 的过程称为逆 Z 变换，其定义如下：

$$x(n) = \frac{1}{2\pi \mathrm{j}} \oint_c X(z) z^{n-1} \mathrm{d}z \tag{2.4.17}$$

式中 c 为 $X(z)$ 收敛域中一条包围原点的逆时针方向的闭合曲线。定义表明逆 Z 变换实际上是复变函数的围线积分。逆 Z 变换也可简记为：

$$x(n) = Z^{-1}[x(z)] \tag{2.4.18}$$

实现逆 Z 变换的方法通常有三种，即幂级数法、部分分式法和留数法。

（1）幂级数法

幂级数法又称长除法，这一方法是通过 Z 变换定义中有 z 的正幂次项和 z 的负幂次项而得到的，实际上，幂级数的系数就是序列值 $x(n)$，对于怎样运用幂级数展开来得到逆 Z 变换，下面举例说明。

例 2.4.4　已知 $X(z) = \dfrac{1}{1 - az^{-1}}$，$|z| > |a|$，求 $x(n)$。

解　因为收敛域 $|z| > |a|$，所以这是一个右边序列，分子分母均需排列成 z^{-1} 的多项式。利用长除法则有：

$$
\begin{array}{r}
1 + az^{-1} + a^2z^{-2} + \cdots \\
1 - az^{-1}\ \overline{\smash{\big)}\ 1} \\
\underline{1 - az^{-1}} \\
az^{-1} \\
\underline{az^{-1} - a^2z^{-2}} \\
a^2z^{-2}
\end{array}
$$

或

$$\frac{1}{1 - az^{-1}} = 1 + az^{-1} + a^2z^{-2} + \cdots$$

所以

$$x(n) = a^n u(n)$$

（2）部分分式法

部分分式法是一种比较常用的方法，在利用部分分式法求 $X(z)$ 的逆变换时，通常是求 $X(z)/z$ 的部分分式，然后将每个分式再乘以 z，然后逐项求其逆 Z 变换。下面举例进行说明。

例 2.4.5　已知 $X(z) = \dfrac{3 - \dfrac{5}{6}z^{-1}}{\left(1 - \dfrac{1}{4}z^{-1}\right)\left(1 - \dfrac{1}{3}z^{-1}\right)}$

求收敛域分别为① $|z| > \dfrac{1}{3}$，② $\dfrac{1}{4} < |z| < \dfrac{1}{3}$，③ $|z| < \dfrac{1}{4}$ 时的逆 Z 变换 $x(n)$。

解　① $X(z)$ 有两个极点：$z_1 = \dfrac{1}{4}$，$z_2 = \dfrac{1}{3}$，收敛域为 $|z| > \dfrac{1}{3}$，也就是说，收敛域内的点的模比最大模极点即极点 $z = \dfrac{1}{3}$ 的模都要大。把 $X(z)$ 写成部分分式表达式，即：

$$X(z) = \frac{1}{1 - \frac{1}{4}z^{-1}} + \frac{2}{1 - \frac{1}{3}z^{-1}} \qquad (2.4.19)$$

这样，$x(n)$ 是两项逆 Z 变换之和，一项的 Z 变换是 $\dfrac{1}{1 - \frac{1}{4}z^{-1}}$，而另一项的 Z 变换是 $\dfrac{2}{1 - \frac{1}{3}z^{-1}}$。

为了求得每一项的逆 Z 变换，我们必须明确每一项的收敛域。由于 $X(z)$ 的收敛域是在最外边的极点的外侧，因此上式中的每一项收敛域都位于自己极点的外侧，也就是说，每一项收敛域中的点的模比自己极点的模都要大，于是有：

$$x(n) = x_1(n) + x_2(n) \qquad (2.4.20)$$

其中

$$x_1(n) \xleftrightarrow{z} \frac{1}{1 - \frac{1}{4}z^{-1}}, \quad |z| > \frac{1}{4}$$

$$x_2(n) \xleftrightarrow{z} \frac{2}{1 - \frac{1}{3}z^{-1}}, \quad |z| > \frac{1}{3}$$

从而得到

$$x_1(n) = \left(\frac{1}{4}\right)^n u(n)$$

及

$$x_2(n) = 2\left(\frac{1}{3}\right)^n u(n)$$

因此

$$x(n) = \left(\frac{1}{4}\right)^n u(n) + 2\left(\frac{1}{3}\right)^n u(n)$$

②由于具有相同的 $X(z)$，故式(2.4.19)仍然成立。但各项的收敛域发生了变化，特别是在①中，由于 $X(z)$ 的收敛域在极点 $z = \frac{1}{3}$ 的外侧，式(2.4.20)的收敛域内的所有点的模都大于 $1/3$，但是由于此例中 $X(z)$ 的收敛域在极点 $z = 1/3$ 的内侧，也就是说，收敛域内的所有点的模都小于 $1/3$，因此式(2.4.20)各部分的 Z 变换为：

$$x_1(n) \xleftrightarrow{z} \frac{1}{1 - \frac{1}{4}z^{-1}}, \quad |z| > \frac{1}{4}$$

及

$$x_2(n) \xleftrightarrow{z} \frac{2}{1 - \frac{1}{3}z^{-1}}, \quad |z| < \frac{1}{3}$$

信号 $x_2(n)$ 有变，即：

$$x_2(n) = -2\left(\frac{1}{3}\right)^n u(-n-1)$$

因此

$$x(n) = \left(\frac{1}{4}\right)^n u(n) - 2\left(\frac{1}{3}\right)^n u(-n-1)$$

③由于具有相同的 $X(z)$，故式(2.4.19)仍然成立，但各项的收敛域发生了变化。由于收敛域为 $|z| < 1/4$，此时收敛域位于两极点的内侧，即收敛域内的点的模小于任何一个极点，不论是 $z = 1/3$ 还是 $z = 1/4$，因此，式(2.4.19)的部分分式展开中每一项的收敛域都必须位于各

自极点的内侧,结果,$x_1(n)$ 的 Z 变换为:

$$x_1(n) \xleftrightarrow{z} \frac{1}{1 - \frac{1}{4}z^{-1}}, \quad |z| < \frac{1}{4}$$

此时有

$$x_1(n) = -\left(\frac{1}{4}\right)^n u(-n-1)$$

因此

$$x(n) = -\left(\frac{1}{4}\right)^n u(-n-1) - 2\left(\frac{1}{3}\right)^n u(-n-1)$$

前面这些例子说明了利用部分分式展开求逆 Z 变换的基本步骤。如同相应的拉普拉斯变换一样,这些步骤取决于将 Z 变换表示成简单项的线性组合,每一项的逆变换都能凭简单公式得到。更一般地,假设 $X(z)$ 的部分分式展开为如下形式:

$$X(z) = \sum_{i=1}^{m} \frac{A_i}{1 - a_i z^{-1}} \tag{2.4.21}$$

于是 $X(z)$ 的逆变换等于式中各项的逆变换结果之和。若 $X(z)$ 的收敛域在极点 $z = a_i$ 的外侧,那么式(2.4.30)中相应的反变换是 $A_i a_i^n u(n)$;相反,若 $X(z)$ 的收敛域在极点 $z = a_i$ 的内侧,那么此项的反变换是 $-A_i a_i^n u(-n-1)$。

(3)留数法

根据逆 Z 变换的定义和复变函数中的留数定理,逆 Z 变换中的围线积分可以通过留数计算实现。

由逆 Z 变换定义:

$$x(n) = \frac{1}{2\pi j} \oint_c X(z) z^{n-1} dz$$

根据留数定理得:

$$x(n) = \sum_i \left[X(z) z^{n-1} \text{ 在 } c \text{ 内的极点 } P_i \text{ 上的留数} \right] \tag{2.4.22}$$

例 2.4.6 已知 $X(z) = \dfrac{10z}{(z-1)(z-2)}$,收敛域为 $|z| > 2$,用留数法求 $x(n)$。

解 $x(n) = \dfrac{1}{2\pi j} \oint_c \dfrac{10z}{(z-1)(z-2)} z^{n-1} dz = \dfrac{1}{2\pi j} \oint_c \left[-\dfrac{10z^n}{z-1} + \dfrac{10z^n}{z-2} \right] dz$

$= \left(-\dfrac{10z^n}{z-1} \text{ 在极点 } z = 1 \text{ 上的留数} \right) + \left(\dfrac{10z^n}{z-2} \text{ 在极点 } z = 2 \text{ 上的留数} \right)$

$= 10(-1 + 2^n) \quad (n = 0, 1, 2, \cdots)$

2.4.4 差分方程的 Z 域求解

一个离散时间 LTI 系统,可用如下的差分方程来描述:

$$y(n) = -\sum_{k=1}^{N} a_k y(n-k) + \sum_{r=0}^{M} b_r x(n-r) \tag{2.4.23}$$

给定输入序列 $x(n)$ 及初始条件,我们希望能得到输出序列 $y(n)$ 的闭合表达式,这即是差分方程的求解问题。

若式(2.4.33)中的 $x(n) = 0$,那么

31

$$y(n) + \sum_{k=1}^{N} a_k y(n-k) = 0 \tag{2.4.24}$$

称为齐次差分方程。若该方程有解,则解是由 $y(n)$ 的初始条件引起的,称为系统的零输入解。对该式两边取 Z 变换,则:

$$\sum_{k=0}^{N} a_k z^{-k} \left[Y(z) + \sum_{m=-k}^{-1} y(m) z^{-m} \right] = 0$$

即

$$Y(z) = \frac{- \sum_{k=0}^{N} a_k z^{-k} \left[\sum_{m=-k}^{-1} y(m) z^{-m} \right]}{\sum_{k=0}^{N} a_k z^{-k}} \tag{2.4.25}$$

对之取逆 Z 变换,即得系统的零输入解 $y_{0i} = Z^{-1}[Y(z)]$。

若 $y(n)$ 的初始条件等于零,即当 $n < 0$ 时,$x(n) \equiv 0$,那么即可得到:

$$Y(z) = \frac{\sum_{r=0}^{M} b_r z^{-r}}{1 + \sum_{k=0}^{N} a_k z^{-k}} X(z) = H(z) X(z) \tag{2.4.26}$$

由此得到的 $y(n)$ 称为零状态解,它是由输入所引起的输出,即:

$$y_{os}(n) = Z^{-1}[H(z)X(z)] \tag{2.4.27}$$

系统完整的输出应为零状态解与零输入解之和,即:

$$y(n) = y_{oi}(n) + y_{os}(n) \tag{2.4.28}$$

例 2.4.7 已知 $y(n) - ay(n-1) = u(n)$,$y(-1) = 1$,求 $y(n)$。

解 先求零输入解,对方程 $y(n) - ay(n-1) = u(n)$ 作 Z 变换,即得:

$$Y(z) = \frac{ay(-1)}{1 - az^{-1}} = \frac{a}{1 - az^{-1}}$$

则

$$y_{oi}(n) = a^{n+1} u(n)$$

又令 $y(-1) = 0$,对 $y(n) - ay(n-1) = x(n)$ 两边求 Z 变换,得零状态解:

$$Y(z) = \frac{X(z)}{1 - az^{-1}} = \frac{1}{(1 - az^{-1})} \frac{1}{(1 - z^{-1})} = \frac{z^2}{(z-a)(z-1)}$$

$$= \left(\frac{a}{a-1} \right) \left(\frac{1}{1 - az^{-1}} \right) + \left(\frac{1}{1-a} \right) \left(\frac{1}{1 - z^{-1}} \right)$$

于是

$$y_{os}(n) = \frac{a^{n+1}}{a-1} u(n) - \frac{u(n)}{a-1} = \frac{a^{n+1} - 1}{a-1} u(n)$$

总输出

$$y(n) = y_{oi}(n) + y_{os}(n) = \frac{a^{n+2} - 1}{a-1} u(n)$$

2.4.5 系统函数

在离散时间 LTI 系统的分析中,Z 变换有其特别重要的作用,根据 Z 变换性质中的卷积性质可知:

$$Y(z) = H(z) X(z) \tag{2.4.29}$$

式中 $X(z)$、$H(z)$ 和 $Y(z)$ 分别是系统的输入、单位取样响应和输出的 Z 变换。$H(z)$ 称为系统函数或转移函数。如果 $H(z)$ 的收敛域包括单位圆,令 z 在单位圆上取值(即 $z = e^{j\omega}$),则 $H(z)$

就变成系统的频率响应 $H(e^{j\omega})$。

对于由线性常系数差分方程表征的系统,Z 变换性质对于求取系统函数,频率响应等提供了一个特别有效的工具。下面来举例说明。

例 2.4.8 有一个离散时间 LTI 系统,其输入 $x(n)$ 和输出 $y(n)$ 满足下列线性常系数差分方程:

$$y(n) - \frac{1}{4}y(n-1) = x(n) + \frac{1}{5}x(n-1)$$

对上式两边进行 Z 变换,并利用线性性质和时移性质,就得到:

$$Y(z) - \frac{1}{4}z^{-1}Y(z) = X(z) + \frac{1}{5}z^{-1}X(z)$$

或者

$$Y(z) = X(z)\left(\frac{1 + \frac{1}{5}z^{-1}}{1 - \frac{1}{4}z^{-1}}\right)$$

进而有:

$$H(z) = \frac{Y(z)}{X(z)} = \frac{1 + \frac{1}{5}z^{-1}}{1 - \frac{1}{4}z^{-1}}$$

这就给出了 $H(z)$ 的代数表达式。在确定收敛域时,事实上存在两种可能,从而有两种不同的单位脉冲响应,它们都满足差分方程式。一个是右边序列,一个是左边序列,相应的就有两种不同的收敛域选择。假设 $h(n)$ 是右边的,那么 $|z| > \frac{1}{4}$;假设 $h(n)$ 是左边的,则有 $|z| < \frac{1}{4}$。

对于一般的 N 阶差分方程,可以用类似于例 2.4.8 的方法处理,即对方程两边进行 Z 变换,并利用线性和时移性质来求取差分方程的系统函数。现考虑一个 LTI 系统,其输入、输出满足如下线性常系数差分方程:

$$\sum_{i=0}^{N} a_i y(n-i) = \sum_{j=0}^{M} b_j x(n-j), \quad a_0 = 1$$

那么就有:

$$\sum_{i=0}^{N} a_i z^{-i} Y(z) = \sum_{j=0}^{M} b_j z^{-j} X(z), \quad a_0 = 1$$

或者

$$Y(z) \sum_{i=0}^{N} a_i z^{-i} = X(z) \sum_{j=0}^{M} b_j z^{-j}$$

$$H(z) = \frac{Y(z)}{X(z)} = \frac{\sum_{j=0}^{M} b_j z^{-j}}{\sum_{i=0}^{N} a_i z^{-i}} \quad a_0 = 1 \tag{2.4.30}$$

上式即为离散系统的系统函数定义式,它表示系统的零状态响应与输入激励的 Z 变换之比。将式中的分子与分母多项式进行因式分解,可写为:

$$H(z) = H_0 \frac{\prod\limits_{j=1}^{M}(z - Z_j)}{\prod\limits_{i=1}^{N}(z - P_i)} \tag{2.4.31}$$

其中 Z_j 是 $H(z)$ 的零点，P_i 是 $H(z)$ 的极点，它们由差分方程的系数 a_i,b_j 决定。

由式(2.4.31)可见，如果不考虑常数因子 H_0，那么由极点 P_i 和零点 Z_j 就完全可以确定系统函数 $H(z)$。也就是说，根据极点 P_i 和零点 Z_j 就可以确定系统的特性。例如系统的时域特性、系统的稳定性等。下面首先来考虑零极点分布与系统时域特性。

根据 $H(z)$ 和 $h(n)$ 的对应关系，如果把 $H(z)$ 展开成部分分式

$$H(z) = \sum_{i=0}^{N} \frac{A_i z}{z - P_i} \tag{2.4.32}$$

那么 $H(z)$ 的每个极点将对应一项时间序列，即

$$h(n) = Z^{-1}\left[\sum_{i=0}^{N} \frac{A_i z}{z - P_i}\right] = \sum_{i=0}^{N} A_i P_i^n u(n) \tag{2.4.33}$$

如果上式中 $P_0 = 0$，则有：

$$h(n) = A_0 \delta(n) + \sum_{i=1}^{N} A_i P_i^n u(n) \tag{2.4.34}$$

这里极点 P_i 可能是实数，也可能是成对出现的共轭复数。由上式可知，单位取样响应 $h(n)$ 的时间特性取决于 $H(z)$ 的极点，幅值由系数 A_i 决定，而 A_i 与 $H(z)$ 的零点分布有关，也即 $H(z)$ 的极点决定 $h(n)$ 的函数形式，而零点只影响 $h(n)$ 的幅度与相位。

其次来考虑离散系统的稳定性。

时域分析中线性移不变离散系统稳定的充分必要条件是其单位取样响应 $h(n)$ 绝对可和。

因为 $$H(z) = Z[h(n)] = \sum_{n=-\infty}^{\infty} h(n) z^{-n}$$

当 $z = 1$ 时， $$H(z) = \sum_{n=-\infty}^{\infty} h(n) < \infty \tag{2.4.35}$$

所以，系统稳定时 $H(z)$ 的收敛域应包括单位圆。对于既稳定又因果的系统其 $H(z)$ 的收敛域为 $|z| \geq 1$，即系统函数 $H(z)$ 的全部极点必落在单位圆之内（即 $|P_i| < 1$）。

在离散时间系统中，我们可以使用加法、乘法和延时方框图来描述系统，下面举例来说明。

例 2.4.9 离散系统的系统函数为 $H(z) = \dfrac{1 - 2z^{-1}}{1 - \frac{1}{4}z^{-1}} = \left(\dfrac{1}{1 - \frac{1}{4}z^{-1}}\right)(1 - 2z^{-1})$，画出此系统的 Z 域框图。

解 我们把此系统看作是一个系统函数为 $\dfrac{1}{1 - \frac{1}{4}z^{-1}}$ 与另一个系统函数为 $1 - 2z^{-1}$ 的系统的级联，如图 2.4.3(a)所示，图中使用方块图来描述 $\dfrac{1}{1 - \frac{1}{4}z^{-1}}$，用单位延迟、加法器和乘积因子来描述 $1 - 2z^{-1}$。

在这种方框图中，由于采用了两个完全相同的延迟环节，故效率较低。为了提高效率，我

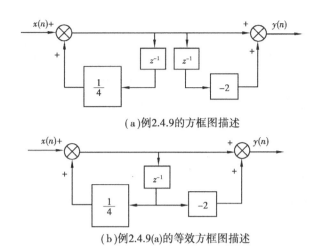

(a)例2.4.9的方框图描述

(b)例2.4.9(a)的等效方框图描述

图 2.4.3 系统方框图描述示意图

们仅仅用其中一个的输出作为传送到两个乘积因子的信号,等效方块图如图 2.4.3(b)所示。由于每个单位延迟单元需要一个存贮寄存器来存贮输入前的值,因此图 2.4.3(b)的表达式比图 2.4.3(a)需要更少的寄存器。

例 2.4.10 二阶系统函数 $H(z) = \dfrac{1}{\left(1 + \dfrac{1}{2}z^{-1}\right)\left(1 - \dfrac{1}{4}z^{-1}\right)} = \dfrac{1}{1 + \dfrac{1}{4}z^{-1} - \dfrac{1}{8}z^{-2}}$,画出此系统的 Z 域框图。

解 此二阶系统的差分方程为

$$y(n) + \frac{1}{4}y(n-1) - \frac{1}{8}y(n-2) = x(n)$$

这样可画出系统的方块图如图 2.4.4(a)所示。

图 2.4.4(a)称为系统方框图的直接描述,图中的系数可以通过观察差分方程或系统函数的系数来确定。也可借助于系统函数代数式来得到级联和并联形式的方框图。

对差分方程作 Z 变换并作代数运算后得到系统函数:

$$H(z) = \left(\frac{1}{1 + \dfrac{1}{2}z^{-1}}\right)\left(\frac{1}{1 - \dfrac{1}{4}z^{-1}}\right)$$

这就是系统函数的级联描述,其方框图如图 2.4.4(b)。对上式进行部分分式展开得:

$$H(z) = \frac{\dfrac{2}{3}}{1 + \dfrac{1}{2}z^{-1}} + \frac{\dfrac{1}{3}}{1 - \dfrac{1}{4}z^{-1}}$$

这就是系统函数的并联描述,其方框图如图 2.4.4(c)

2.4.6 零、极点分析与系统频率响应特性

对于稳定的因果系统,如果输入是频率为 ω 的复指数序列

$$x(n) = e^{j\omega n}$$

则离散系统的零状态响应为:

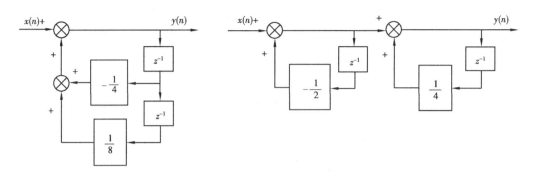

（a）例2.4.10的方框图　　　　　　　　　　（b）例2.4.10的级联方框图

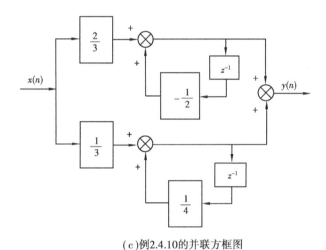

（c）例2.4.10的并联方框图

图2.4.4　例2.4.10的系统函数方框图示意

$$y_{0s}(n) = h(n) * x(n) = \sum_{k=-\infty}^{\infty} h(k) e^{j\omega(n-k)}$$

$$= e^{j\omega n} \sum_{k=-\infty}^{\infty} h(k) e^{-j\omega k}$$

由于系统函数为：

$$H(z) = Z[h(n)] = \sum_{n=-\infty}^{\infty} h(n) z^{-n}$$

因此 $y_{0s}(n)$ 可以写为：

$$y_{0s}(n) = H(e^{j\omega}) e^{j\omega n}$$

　　由此可见，系统对离散复指数序列的稳态响应仍是一个离散复指数序列，该响应的复振幅是 $H(e^{j\omega})$。$H(e^{j\omega})$ 称为系统的频率响应特性，它可以由系统函数 $H(z)$ 得出，即

$$H(e^{j\omega}) = H(z)\big|_{z=e^{j\omega}} = |H(e^{j\omega})| e^{j\varphi(\omega)}$$

式中 $|H(e^{j\omega})|$ 称为幅频特性，$\varphi(\omega)$ 称为相频特性。

　　例2.4.11　已知二阶系统差分方程为 $y(n) + a_1 y(n-1) + a_2 y(n-2) = b_0 x(n)$，求该系统的频率响应特性。

解 由差分方程得:

$$H(z) = \frac{b_0}{1 + a_1 z^{-1} + a_2 z^{-2}} = \frac{b_0 z^2}{z^2 + a_1 z + a_2}$$

则系统频率特性为:

$$H(e^{j\omega}) = \frac{b_0 e^{j2\omega}}{e^{j2\omega} + a_1 e^{j\omega} + a_2} = \frac{b_0(\cos 2\omega + j \sin 2\omega)}{(\cos 2\omega + a_1 \cos \omega + a_2) + j(\sin 2\omega + a_1 \sin \omega)}$$

$$|H(e^{j\omega})| = \frac{b_0}{\sqrt{(\cos 2\omega + a_1 \cos \omega + a_2)^2 + (\sin 2\omega + a_1 \sin \omega)^2}}$$

$$\varphi(\omega) = \arctan \frac{\sin 2\omega}{\cos 2\omega} - \arctan \frac{\sin 2\omega + a_1 \sin \omega}{\cos 2\omega + a_1 \cos \omega + a_2}$$

系统的频率响应也可以根据系统函数 $H(z)$ 在 z 平面上的零、极点分布来直观地求出。

假设

$$H(z) = \frac{b_M z^M + b_{M-1} z^{M-1} + \cdots + b_1 z + b_0}{a_N z^N + a_{N-1} z^{N-1} + \cdots + a_1 z + a_0}$$

若 $H(z)$ 的零点和极点均为一阶,则 $H(z)$ 可写为 $H(z) = \dfrac{\prod\limits_{j=1}^{M}(z - Z_j)}{\prod\limits_{i=1}^{N}(z - P_i)}$

令 $z = e^{j\omega}$,有:

$$H(e^{j\omega}) = H_0 \frac{\prod\limits_{j=1}^{M}(e^{j\omega} - Z_j)}{\prod\limits_{i=1}^{N}(e^{j\omega} - P_i)} = |H(e^{j\omega})| e^{j\varphi(\omega)} \tag{2.4.36}$$

再令 $e^{j\omega} - Z_j = B_j e^{j\beta_j}, e^{j\omega} - P_i = A_i e^{j\alpha_i}$,则有:

$$|H(e^{j\omega})| = H_0 \frac{\prod\limits_{j=1}^{M} B_j}{\prod\limits_{i=1}^{N} A_i} \tag{2.4.37}$$

$$\varphi(\omega) = \sum_{j=1}^{M} \beta_j - \sum_{i=1}^{N} \alpha_i \tag{2.4.38}$$

式中 A_i, α_i 分别表示 z 平面上极点 P_i 到单位圆上某点 $e^{j\omega}$ 的矢量 $(e^{j\omega} - P_i)$ 的长度和与正实轴的夹角,B_j, β_j 分别表示零点 Z_j 到 $e^{j\omega}$ 的矢量 $(e^{j\omega} - Z_j)$ 的长度和与正实轴的夹角,如图 2.4.5 所示。如果单位圆上的点 D 不断移动,那么根据式(2.4.37)和式(2.4.38)就可以得到系统的频率响应特性,也就是说由 $H(z)$ 的零、极点位置可求出该系统的频率响应。可见频率响应的形状取决于 $H(z)$ 的零、极点分布,也就是说取决于离散系统的形式及差分方程各系数的大小。

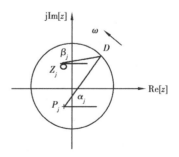

图 2.4.5

由图 2.4.5 不难看出,位于 $z = 0$ 处的零点或极点对幅度响应不产生作用,因而在 $z = 0$ 处加入或除去零、极点不会使幅度响应发生变化,而只会影响相位特性。此外,也可以看出,在某个极点附近频率响应可能出现峰值,若极点越靠近单位圆,则频率响应在峰值附近越尖锐,若极点落在单位圆上,则频率响应的峰值趋于无穷大。对于零点来说其作用与极点恰恰相反,读者可自行分析,这里不再叙述。

2.5 连续时间信号的数字处理

由于离散时间信号大多来自连续时间信号(即模拟信号)的抽样,因此建立连续域和离散域时间信号及系统的关联对学习理解信号处理的理论和应用具有重要意义。

2.5.1 取样定理

数字信号处理的对象是离散时间信号,即序列。实际应用中,序列经常是由模拟信号经过抽样得到。如何使信号在进入实质性处理前的抽样环节中不出现信息的丢失? 取样定理从理论上给出了回答。

所谓"取样"就是以一定的时间间隔 T 对连续时间信号 $x_a(t)$ 抽取一系列离散样点值,由此得到的离散时间信号称为抽样序列 $x(n)$,即 $x(n) = x_a(t)|_{t=nT}$。

取样定理:设 $x_a(t)$ 为一个连续时间信号,其带宽为 f_c,如果对其进行取样时的间隔 T $\left(\text{或频率} f_s = \dfrac{1}{T}\right)$ 满足 $\dfrac{1}{T} = f_s \geq 2f_c$,那么可以从其抽样序列 $x(n)$ 中完全不失真地恢复出原信号 $x_a(t)$,即:

$$x_a(t) = \frac{1}{T} \sum_{n=-\infty}^{\infty} x(n) \frac{\sin\left[\dfrac{\pi}{T}(t - nT)\right]}{\dfrac{\pi}{T}(t - nT)} = \frac{1}{T} \sum_{n=-\infty}^{\infty} x(n) S_a\left[\frac{\pi}{T}(t - nT)\right] \quad (2.5.1)$$

式中 $S_a(x) = \dfrac{\sin x}{x}$ 为插值函数。此时的临界频率 $2f_c$ 称为奈奎斯特取样率,$f_s/2$ 称为折叠频率。

取样定理的意义在于从理论上定量地给出了取样过程不失真的条件,以及由抽样值恢复原信号的公式。

2.5.2 连续时间信号频谱与序列频谱的关系

本小节从频域讨论信号取样前后的关系,同时也是对取样定理进行证明的过程。

假设让模拟信号 $x_a(t)$ 通过一个电子开关 S,S 每隔时间 T 合上一次,合上时间为 τ,且 $\tau \ll T$。电子开关的输出 $\hat{x}_a'(t)$ 如图 2.5.1(a) 所示,它相当于用模拟信号对一串周期为 T、宽度为 τ 的矩形脉冲串 $p_\tau(t)$ 调幅,这样 $\hat{x}_a'(t) = x_a(t) p_\tau(t)$。如果让 $\tau \to 0$,则形成理想采样,此时的脉冲串可用单位冲激串 $p_\delta(t)$ 代替,输出为 $\hat{x}_a'(t) = x_a(t) p_\delta(t)$,这里 $\hat{x}_a(t)$ 称为理想采样信号。$x_a(t)$,$p_\delta(t)$ 和 $\hat{x}_a(t)$ 的波形如图 2.5.1(b) 所示。

下面分析理想采样信号的频谱与模拟信号频谱的关系。

单位冲激串 $p_\delta(t)$ 和理想采样信号 $\hat{x}_a(t)$ 的表示式分别为:

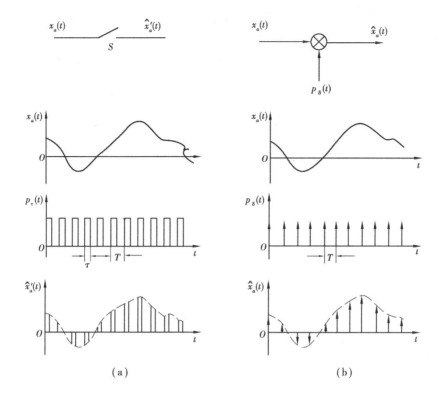

图 2.5.1　对模拟信号的抽样

$$p_\delta(t) = \sum_{n=-\infty}^{\infty} \delta(t - nT) \tag{2.5.2}$$

$$\hat{x}_a(t) = x_a(t) p_\delta(t) = \sum_{n=-\infty}^{\infty} x_a(t) \delta(t - nT) \tag{2.5.3}$$

上式中只当 $t = nT$ 时,才有非零值,因此也可以写成:

$$\hat{x}_a(t) = \sum_{n=-\infty}^{\infty} x_a(tT) \delta(t - nT) \tag{2.5.4}$$

$p_\delta(t)$ 是周期性单位冲激信号,周期是 T,它的傅里叶变换是强度的 $2\pi/T$ 的周期性冲激串,冲激串的频率在 $m\Omega_S$ 处,用公式表示为:

$$P_\delta(j\Omega) = \frac{2\pi}{T} \sum_{n=-\infty}^{\infty} \delta(\Omega - m\Omega_S) \tag{2.5.5}$$

式中　$\Omega_s = 2\pi/T = 2\pi f_s$

这里 T 称为采样间隔,Ω_S 称为采样角频率,f_s 称为采样频率。因为两个时域信号相乘的傅里叶变换等于它们分别傅里叶变换的卷积,因此对式(2.5.4)进行傅里叶变换,得到:

$$\hat{X}_a(j\Omega) = \text{FT}[\hat{x}(t)] = \frac{1}{2\pi} X_a(j\Omega) * P_\delta(j\Omega)$$

$$= \frac{1}{2\pi} \frac{2\pi}{T} \sum_{m=-\infty}^{\infty} X_a(j\Omega) * \delta(\Omega - m\Omega_S)$$

$$= \frac{1}{T} \sum_{m=-\infty}^{\infty} X_a(j\Omega - jm\Omega_s) \tag{2.5.6}$$

上式表明,理想采样信号的频谱是原模拟信号的频谱沿频率轴每隔 Ω_s 出现一次,或者说理想采样信号的频谱是原模拟信号的频谱以 Ω_s 为周期进行周期性延拓形成的。

假设 $x_a(t)$ 是带限信号,即它的频谱集中在 $0 \sim \Omega_s$ 之间,最高角频率是 Ω_c,以 Ω_s 对它进行理想采样。理想采样以后得到的理想采样信号的频谱用 $\hat{X}_a(j\Omega)$ 表示,按照式(2.5.6),$\hat{X}_a(j\Omega)$ 是以采样角频率为周期,将模拟信号的频谱进行周期延拓形成的。如果 $\Omega_s \geqslant 2\Omega_c$,则 $X_a(j\Omega)$,$P_\delta(j\Omega)$ 和 $\hat{X}_a(j\Omega)$ 的示意图如图2.5.2所示。

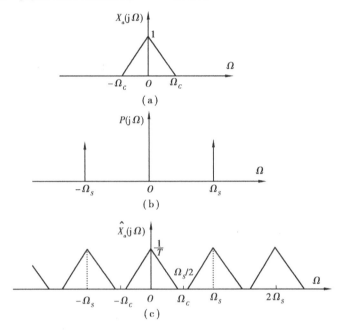

图2.5.2　采样信号的频谱

一般称式(2.5.6)中 $m=0$ 时的频谱为基带谱,它和原模拟信号的频谱是一样的。此时用一个低通滤波器对理想采样信号进行低通滤波,如果该低通滤波器的传输函数如下式:

$$G(j\Omega) = \begin{cases} T, & |\Omega| < \Omega_s/2 \\ 0, & |\Omega| \geqslant \Omega_s/2 \end{cases} \tag{2.5.7}$$

便可以无失真地把原模拟信号恢复出来。这种理想采样的恢复如图2.5.3所示。但如果 $\Omega_s < 2\Omega_c$,则理想采样信号的频谱变成如图2.5.4所示的波形,此时基带谱和相邻的重复谱将发生混叠,无法再用上述的低通滤波器将原模拟信号恢复出来。因此条件 $\Omega_s \geqslant 2\Omega_c$ 是选择采样频率的重要依据。

下面继续推导理想采样信号的频谱和相应采样序列频谱之间的关系,然后导出采样序列频谱和模拟信号频谱之间的关系。

按照式(2.5.4),理想采样信号用下式表示:

$$\hat{x}_a(t) = \sum_{n=-\infty}^{\infty} x_a(nT)\delta(t-nT)$$

对上式进行傅里叶变换得到:

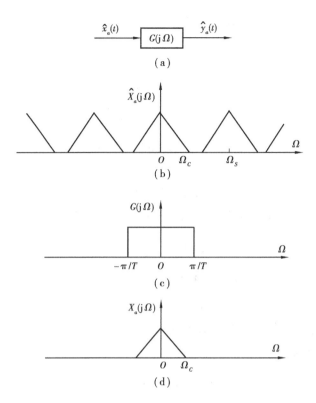

图 2.5.3　理想采样的恢复

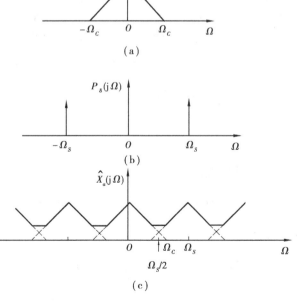

图 2.5.4　采样信号频谱中的混叠现象

$$\hat{X}_a(j\Omega) = \int_{-\infty}^{\infty} \hat{x}_a(t) e^{-j\Omega t} dt$$

$$= \int_{-\infty}^{\infty} \left[\sum_{n=-\infty}^{\infty} x_a(nT)\delta(t-nT) \right] e^{-j\Omega t} dt$$

$$= \sum_{n=-\infty}^{\infty} x_a(nT) \int_{-\infty}^{\infty} \delta(t-nT) e^{-j\Omega t} dt$$

$$= \sum_{n=-\infty}^{\infty} x_a(nT) e^{-j\Omega nT} \int_{-\infty}^{\infty} \delta(t-nT) dt$$

$$= \sum_{n=-\infty}^{\infty} x_a(nT) e^{-j\Omega nT} \tag{2.5.8}$$

而时域离散信号 $x(n)$ 的傅里叶变换用下式表示：

$$X(e^{j\omega}) = \sum_{n=-\infty}^{\infty} x(n) e^{-j\omega n} \tag{2.5.9}$$

比较式(2.5.8)和式(2.5.9)，在数值上 $x(n) = x_a(nT)$，$\omega = \Omega T$，得到：

$$X(e^{j\Omega T}) = \hat{X}_a(j\Omega) \tag{2.5.10}$$

式(2.5.10)就是采样序列的傅里叶变换和理想采样信号傅里叶变换之间的关系。将式(2.5.6)代入上式,得到：

$$X(e^{j\Omega T}) = \frac{1}{T} \sum_{k=-\infty}^{\infty} X_a(j\Omega - jk\Omega_s) \tag{2.5.11}$$

式中,$\Omega_s = 2\pi F_s = 2\pi/T$。式(2.5.11)也可以表示成：

$$X(e^{j\omega}) = \frac{1}{T} \sum_{k=-\infty}^{\infty} X_a\left(j\frac{\omega - 2\pi k}{T}\right) \tag{2.5.12}$$

式(2.5.12)就是采样序列频谱和模拟信号频谱之间的关系。

按照式(2.5.6)，理想采样信号的频谱是模拟信号的频谱以采样频率为周期进行周期性延拓形成的。如果采样频率满足采样定理，它的基带谱和相邻的重复谱没有混叠，完全可以用一个理想低通滤波器将基带谱滤出来。下面推导如何用 $\hat{x}_a(t)$ 恢复原模拟信号 $x_a(t)$。

理想采样信号 $\hat{x}_a(t)$ 通过理想低通滤波器 $G(j\Omega)$，$G(j\Omega)$ 用式(2.5.7)表示，$G(j\Omega)$ 对应的单位冲激响应用 $g(t)$ 表示，输出用 $y_a(t)$ 表示。$y_a(t)$ 等于 $\hat{x}_a(t)$ 和 $g(t)$ 的线性卷积，即：

$$y_a(t) = \hat{x}_a(t) * g(t) \tag{2.5.13}$$

式中,$g(t)$ 等于 $G(j\Omega)$ 的傅里叶反变换，即：

$$g(t) = \frac{1}{2\pi} \int_{-\infty}^{\infty} G(j\Omega) e^{j\Omega t} d\Omega = \frac{1}{2\pi} \int_{-\Omega_s/2}^{\Omega_s/2} T e^{j\Omega t} d\Omega = \frac{\sin(\Omega_s t/2)}{\Omega_s t/2} \tag{2.5.14}$$

将上式代入式(2.5.13)，得到：

$$y_a(t) = \int_{-\infty}^{\infty} \hat{x}_a(\tau) g(t-\tau) d\tau = \sum_{n=-\infty}^{\infty} \int_{-\infty}^{\infty} x_a(nT)\delta(\tau-nT) g(t-\tau) d\tau$$

$$= \sum_{n=-\infty}^{\infty} x_a(nT) g(t-nT) = \sum_{n=-\infty}^{\infty} x_a(nT) \frac{\sin[\pi(t-nT)/T]}{\pi(t-nT)/T} \tag{2.5.15}$$

因为满足采样定理，因此得到：

$$x_a(t) = y_a(t) = \sum_{n=-\infty}^{\infty} x_a(nT) \frac{\sin[\pi(t-nT)/T]}{\pi(t-nT)/T} \tag{2.5.16}$$

式(2.5.16)中,当 n 变化时,$x_a(nT)$ 是一串离散的采样值,而 $x_a(t)$ 是 t 取连续值的模拟信号,式(2.5.16)通过 $g(t)$ 函数把 $x_a(t)$ 和 $x_a(nT)$ 联系起来。

$g(t)$ 的波形如图 2.5.5(a)所示,其特点是当 $t=0$ 时,$g(0)=1$,而 $t=nT,n$ 取不等于零的整数时,$g(t)=0$。这样在式(2.5.16)中,$g(t-nT)$ 保证了在各采样点上,恢复的 $x_a(t)$ 等于原采样值,而在采样点之间,则是各采样值乘以 $g(t-nT)$ 的波形伸展叠加而成的,如图 2.5.5(b)所示。这样 $g(t)$ 函数具体起了在采样点之间连续插值的作用,一般被称为插值函数。式(2.5.16)称为插值公式。

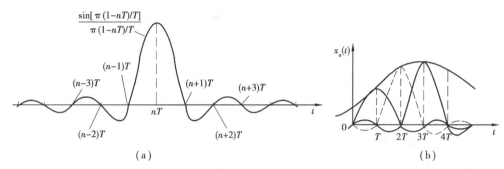

图 2.5.5　插值函数和理想内插恢复

因为理想低通滤波器是非因果而不可实现的,故称为理想恢复。这种理想恢复虽不可实现,但其恢复的信号并没有失真。

2.5.3　连续时间系统的数字实现

对模拟信号的处理可以用数字方式来实现,其原理方框图如图 2.5.6 所示。数字信号处理不同于模拟信号处理方法,它采用对信号进行运算的方法对信号进行处理,因此必须通过采样和编码将模拟信号转换成数字信号。图 2.5.6 中的模数转换器(ADC, Alalog Digital Converter)的功能就是完成模拟信号到数字信号的转换。原理方框图中的核心部分是数字信号处理部分,它具体完成对信号处理的功能,例如要求对模拟信号进行低通滤波,这里就是用一个数字低通滤波器完成低通滤波的作用。数字信号处理部分的输出仍然是数字信号,如果需要转换成模拟信号,则可通过一个数模转换器,即图 2.5.6 中的 DAC(Digital Analog Converter),转换成模拟信号。另外,图中的预滤波和平滑滤波都采用了模拟低通滤波器,前者起抗混叠作用,而后者对内插信号起平滑作用。

图 2.5.6　模拟信号的数字处理原理框图

将模拟信号转换成时域离散信号,关键是确定采样频率。从不丢失信息角度出发,采样频率应该高一些,但如果选择的太高,带来的副作用是数据量太大,运算时间加长,则设备成本昂贵。因此应按照采样定理合理地选择采样频率。如果已知信号的最高频率为 Ω_c,则可选择采样频率 $\Omega_s \geqslant 2\Omega_c$,考虑到高于 Ω_c 的高频分量并不完全等于零,或者说高于 Ω_c 的部分可能存在一些杂散频谱,为防止频谱混叠,可选择 $\Omega_s = (3 \sim 4)\Omega_c$。如果不知道信号的最高频率,假定选择采样频率为 Ω_s,那么信号的最高频率不能超过 $\Omega_s/2$,此时应该在采样以前对模拟信号进行预滤波。预滤波实际上就是一个模拟低通滤波器,其最高截止频率为 $\Omega_s/2$。这也是图 2.5.6 中加预滤波器的原因。有时将该滤波器称为抗混叠滤波器。

在模拟信号数字处理中如果需要输出的是模拟信号,应该将处理完的数字信号再转换成模拟信号。转换时,首先要经过解码,将数字信号变成采样序列,再经过插值与平滑滤波才能转换成模拟信号,具体是用 D/A 变换器和一个低通滤波器完成的。

D/A 变换器具体完成解码和将采样序列转换成时域连续信号的功能。解码即是将二进制编码变成具体的信号值。假设 x 的值用 M 位(其中符号位占 1 位)二进制编码表示:$x = (x_0 x_1 x_2 x_3 \cdots x_{M-1})_2$,$x_i$ 取值为 1 或 0,x_0 表示符号位。解码需要完成下面的运算:

$$x = (-1)^{x_0} - \sum_{i=1}^{M-1} x_i 2^{-i}$$

例如,$x = (0.101\,0)_2 = 0.625$,这种解码运算可用精度高、稳定性高的电阻网络实现,限于篇幅,不再介绍这部分内容。

经过解码,数字信号转变成时域离散信号,时域离散信号再通过插值才能恢复成模拟信号。插值的方法可以有常数内插、一阶多项式和二阶多项式内插等。最简单的是用常数内插,方法是将前一个采样序列值进行保持,一直到下一个采样序列值到来,再跳到新的采样值并保持。常数内插具体用零阶保持器完成,下面分析零阶保持器的性质。

对零阶保持器的单位冲激响应 $h(t)$ 进行傅里叶变换,得到它的频率响应特性为:

$$H(\mathrm{j}\Omega) = \int_{-\infty}^{\infty} h(t)\mathrm{e}^{-\mathrm{j}\Omega t}\mathrm{d}t = \int_0^T \mathrm{e}^{-\mathrm{j}\Omega t}\mathrm{d}t = T\frac{\sin(\Omega T/2)}{\Omega T/2}\mathrm{e}^{-\mathrm{j}\Omega T/2} \qquad (2.5.17)$$

它的幅度特性和相位特性如图 2.5.7 所示。该图表明零阶保持器是一个低通滤波器,能够起恢复模拟信号的作用。为了和理想恢复进行对比,图中用虚线画出了相应的理想低通滤波器的幅度特征。通过对比,说明零阶保持器和理想恢复有明显的差别:①在 $|\Omega| \leq \pi/T$ 区域,幅度不够平坦,会造成信号的失真,影响在一些高保真系统中的应用。②$|\Omega| > \pi/T$ 的区域增加了很多的高频分量,表现在时域上,就是恢复出的模拟信号呈台阶形。

为克服以上缺点可采取下面的措施。观察式(2.5.17),零阶保持器的幅度特性是 $Sa(x) = \sin x/x$ 函数,造成在 $|\Omega| \leq \pi/T$ 区域内,幅度随频率增加而下降。为克服这一缺点,可以在 D/A 变换器以前,增加一个数字滤波器,该滤波器的幅度特性恰是 $Sa(x)$ 的倒数,起提升高频幅度的作用,这样再经过零阶保持器,就可以保持幅度不下降,满足高保真的要求。另外在零阶保持器后面加一个低通滤波器,滤除这些多余的高频分量,起对信号平滑的作用,该滤波器也称平滑滤波器。这就是在图 2.5.6 的系统方框图中 D/A 变换器后面要加平滑滤波器的原因。

虽然零阶保持器恢复出的模拟信号有失真,但简单,易实现,成本低,工程中一般使用的 D/A 变换器器件,都采用了这种零阶保持器。如果要求更精确地恢复,可以采用一阶多项式或者二阶多项式插值,但相应的器件结构要复杂一些,成本会增加。

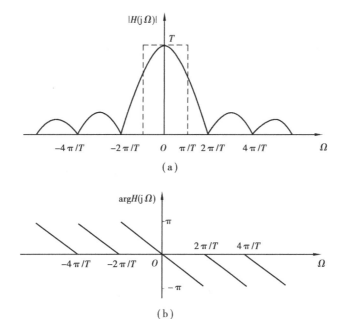

图 2.5.7 零阶保持器的频率特性

习 题

1. 判断下面的序列是否为周期序列,若是周期序列,确定其周期。

(1) $x(n) = \cos\left(\dfrac{2}{7}\pi n - \dfrac{\pi}{4}\right)$　　　　(2) $x(n) = \cos\left(\dfrac{3}{7}\pi n - \dfrac{\pi}{4}\right)$

(3) $x(n) = e^{j\left(\frac{1}{8}n - \pi\right)}$　　　　(4) $x(n) = \cos\dfrac{2}{3}\pi n + \sin\dfrac{3}{5}\pi n$

(5) $x(n) = \cos\left(\dfrac{7}{8}\pi n + 2\right)$　　　　(6) $x(n) = \sin^2\left(\dfrac{1}{8}\pi n\right)$

(7) $x(n) = \cos\dfrac{1}{4}n \cdot \sin\dfrac{1}{4}\pi n$　　　　(8) $x(n) = 2\cos\dfrac{1}{4}\pi n + \sin\dfrac{1}{8}\pi n - 2\cos\dfrac{1}{6}\pi n$

2. 以下序列为系统的单位脉冲响应 $h(n)$,分别判断系统的因果性和稳定性。

(1) $\delta(n)$　　　　　　　　(2) $\delta(n+4)$

(3) $\delta(n - n_0)$　　　　　　(4) $u(n)$

(5) $u(3-n)$　　　　　　　(6) $2^n u(n)$

(7) $2^n u(-n)$　　　　　　(8) $0.5^n u(n)$

(9) $0.5^n u(-n)$　　　　　(10) $2^n R_N(n)$

(11) $\dfrac{1}{n} u(n)$　　　　　　(12) $\dfrac{1}{n^2} u(n)$

(13) $\dfrac{1}{n!} u(n)$　　　　　　(14) $u(n+1)$

$(15) - a^n u(-n-1)$ $(16) \left(\dfrac{j}{2}\right)^n u(n)$

3. 对于下列每一个系统,指出它是否为稳定、因果、线性、非时变系统。

$(1) T[x(n)] = g(n)x(n)$ $(2) T[x(n)] = \sum\limits_{k=n_0}^{n} x(k)$

$(3) T[x(n)] = \sum\limits_{k=n-n_0}^{n+n_0} x(k)$ $(4) T[x(n)] = x(n-n_0)$

$(5) T[x(n)] = e^{x(n)}$ $(6) T[x(n)] = ax(n) + b$

$(7) T[x(n)] = x^2(n)$ $(8) T[x(n)] = x(n^2)$

$(9) T[x(n)] = \sum\limits_{k=-\infty}^{n} x(k)$ $(10) T[x(n)] = x(n)\sin\left(\dfrac{2}{3}\pi n + \dfrac{\pi}{6}\right)$

$(11) T[x(n)] = \sum\limits_{k=-\infty}^{\infty} x(k)x(n+k)$ $(12) T[x(n)] = nx(n)$

4 已知:

$$h(n) = \begin{cases} \alpha^n, & 0 \leqslant n < N \\ 0, & \text{others} \end{cases}, \quad x(n) = \begin{cases} \beta^{n-n_0}, & n_0 \leqslant n \\ 0, & \text{others} \end{cases}$$

求 $y(n) = x(n) * h(n)$。

5. 已知某离散系统的单位阶跃响应为 $g(n)$,当输入为 $x(n)$ 时,其零状态响应为 $y(n) = \sum\limits_{m=0}^{n} g(m)$,求输入序列 $x(n)$。

6. 连续信号 $x_a(t) = \cos(2\pi f_0 t + \varphi)$,式中 $f_0 = 20$ Hz, $\varphi = \pi/2$。

(1)求出 $x_a(t)$ 的周期。

(2)用采样间隔 $T = 0.02$ s 对 $x_a(t)$ 进行采样,写出采样信号 $\hat{x}_a(t)$ 的表达式。

(3)画出 $\hat{x}_a(t)$ 对应的序列 $x(n)$,并求出其周期。

7. 已知 $h(n) = a^n u(n)$,其中 $0 < |a| < 1$, $x(n) = \begin{cases} 1, & 0 \leqslant n \leqslant N-1 \\ 0, & \text{others} \end{cases}$,求 $y(n) = x(n) * h(n)$。

8. 一个单位采样响应为 $h(n)$ 的线性移不变系统,如果输入 $x(n)$ 是周期为 N 的周期序列,即 $x(n) = x(n+N)$;证明输出序列 $y(n)$ 也是周期为 N 的周期序列。

9. 求下列序列的 Z 变换、收敛域及极零点分布图。

$(1) (0.5)^n u(n)$ $(2) -(0.5)^n u(-n-1)$

$(3) (0.5)^n u(-n)$ $(4) (0.5)^n [u(n) - u(n-10)]$

$(5) \cos(w_0 n) u(n)$ $(6) \cos h(an) u(n)$

$(7) a^{|n|}, 0 < |a| < 1$ $(8) Ar^n \cos(\omega_0 n + \varphi) u(n), 0 < r < 1$

$(9) x(n) = \begin{cases} n, & 0 \leqslant n \leqslant N \\ 2N-n, & N+1 \leqslant n \leqslant 2N \\ 0, & \text{others} \end{cases}$

$(10) \dfrac{1}{n!} u(n)$ $(11) |n| \left(\dfrac{1}{2}\right)^{|n|}$ (提示:求导)

$(12) \dfrac{1}{n}, n \geqslant 1$ (提示:求导)

10. 已知 $X(z)$，求 $x(n)$。

(1) $X(z) = \dfrac{1 - \dfrac{1}{2}z^{-1}}{1 + \dfrac{3}{4}z^{-1} + \dfrac{1}{8}z^{-2}}$ $|z| > \dfrac{1}{2}$

(2) $X(z) = \dfrac{1}{(1 - az^{-1})(1 - bz^{-1})}$ $|z| > |a|, |b|$

(3) $X(z) = \dfrac{1 - az^{-1}}{z^{-1} - a}$ $|z| > \left|\dfrac{1}{a}\right|$

(4) $X(z) = \dfrac{1}{(1 - z^{-1})(1 - 2z^{-1})}$ $1 < |z| < 2$

(5) $X(z) = \dfrac{z - 5}{(1 - 0.5z^{-1})(1 - 0.5z)}$ $0.5 < |z| < 2$

(6) $X(z) = \dfrac{1}{(1 - z^{-1})(1 + z^{-1})}$ $|z| < 1$

(7) $X(z) = \dfrac{z^{-1}}{(1 - 6z^{-1})^2}$ $|z| > 6$

(8) $X(z) = \dfrac{z^{-2}}{1 + z^{-2}}$ $|z| > 1$

(9) $X(z) = z^{-1} + 6z^{-4} + 5z^{-7}$

(10) $X(z) = \dfrac{z}{(z - 1)^2(z - 2)}$ $|z| > 2$

(11) $X(z) = \dfrac{5z^{-1}}{1 + z^{-1} - 6z^{-2}}$ $2 < |z| < 3$

11. 画出 $X(z) = \dfrac{-3z^{-1}}{2 - 5z^{-1} + 2z^{-2}}$ 的极零点图，并求：

(1) $|z| > 2$ 对应的序列。

(2) $|z| < 0.5$ 对应的序列。

(3) $0.5 < |z| < 2$ 对应的序列。

12. 求 (1) $X(z) = e^z + e^{1/z}$，$0 < |z| < \infty$；(2) $X(z) = \ln(1 - 2z)$，$|z| < \dfrac{1}{2}$ 的反变换。（提示：泰勒展开）

13. 已知 $x(n) = a^n u(n)$，$y(n) = b^n u(n)$，$0 < [|a|, |b|] < 1$，用两种方法求 $f(n) = x(n) * y(n)$。

14. 若序列 $h(n)$ 为实因果序列，其傅里叶变换的实部为 $H_R(e^{j\omega}) = 1 + \cos\omega$，求序列 $h(n)$ 及其傅里叶变换 $H(e^{j\omega})$。

15. 若序列 $h(n)$ 为实因果序列，其傅里叶变换的虚部为 $H_I(e^{j\omega}) = -\sin\omega$，求序列 $h(n)$ 及其傅里叶变换 $H(e^{j\omega})$。

16. 证明当 $x(n)$ 为实序列且具有偶对称时，即 $x(n) = x(-n)$ 或 $x(n) = -x(-n)$ 时，频谱具有线性相位。

17. 已知一个线性非移变因果系统，用差分方程描述如下：

(1) $y(n) = y(n - 1) + y(n - 2) + x(n - 1)$

$(2) y(n) + \dfrac{1}{4} y(n-1) = x(n) + \dfrac{1}{2} x(n-1)$

(1)求系统的传递函数 $H(z)$，指出其收敛域，画出极零点图。

(2)求系统的单位冲激响应。

18. 设线性非移变系统的差分方程为：

$(1) y(n-1) - \dfrac{10}{3} y(n) + y(n+1) = x(n)$

$(2) y(n-1) - \dfrac{5}{2} y(n) + y(n+1) = x(n)$

求该系统的单位冲激响应，并判断它是否为因果系统，是否为稳定系统。

19. 一个因果的线性非移变系统的系统函数为 $H(z) = \dfrac{1 - a^{-1} z^{-1}}{1 - a z^{-1}}$，式中 a 为实数。求：

(1) a 值在哪些范围内才能使系统稳定？

(2)假设 $0 < a < 1$，画出极零点图，并以阴影注明收敛域。

(3)证明这个系统是全通系统。

第**3**章
离散傅里叶变换及其快速算法

频谱分析是数字信号处理的重要内容,其理论基础是傅里叶分析。傅里叶分析分别包含了连续信号和离散信号的傅里叶变换和傅里叶级数,存在几种不同的形式。然而只有离散傅里叶变换(DFT)在时域和频域都为离散值,能够利用计算机这一有力的计算工具进行处理。然而,当取样点很多时,信号的离散傅里叶变换的计算量非常大,为了减少计算时间,提高计算速度,人们研究出了离散傅里叶变换的快速算法——快速傅里叶变换(FFT)。这类算法使傅里叶分析完全有可能付诸工程实践。FFT 被广泛地用于信号频谱分析、快速相关运算、快速卷积运算等,因此在数字信号处理中占有十分重要的地位。

有限长序列的离散傅里叶变换(DFT)和周期序列的离散傅里叶级数(DFS)有着本质的联系。本章首先介绍周期序列的离散傅里叶级数(DFS),然后讨论有限长序列的离散傅里叶变换(DFT),最后介绍几种常见的 FFT 算法及其应用。

3.1　周期序列的傅里叶分析——离散傅里叶级数(DFS)

3.1.1　连续时间周期信号的傅里叶分析——傅里叶级数

设 $x(t)$ 是一连续时间周期信号,设周期为 T_0,即 $x(t) = x(t + nT_0), n \in Z$。如果 $x(t)$ 满足狄里赫勒(Dirichlet)条件,可以将其展开为傅里叶级数,即:

$$x(t) = \sum_{k=-\infty}^{\infty} X(jk\Omega_0) e^{jk\Omega_0 t} \tag{3.1.1}$$

式中,$\Omega_0 = 2\pi/T_0$,为信号 $x(t)$ 的基波角频率,$k\Omega_0$ 为其第 k 次谐波角频率。级数系数 $X(jk\Omega_0)$ 代表第 k 次谐波成分的系数,它可用下式计算:

$$X(jk\Omega_0) = \frac{1}{T_0} \int_{-T_0/2}^{T_0/2} x(t) e^{-jk\Omega_0 t} dt \tag{3.1.2}$$

式(3.1.1)和式(3.1.2)组成连续时间周期信号的傅里叶变换对,$x(t)$ 和 $X(jk\Omega_0)$ 之间的变换关系示例如图 3.1.1 所示。可以看出,所有周期信号的频谱都是由间隔为 Ω_0 的离散谱线组成,频谱的幅度表示了周期信号 $x(t)$ 中各分量的大小。

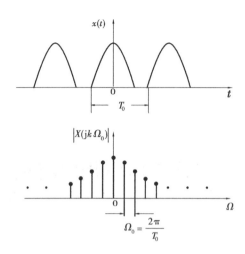

图 3.1.1　连续时间周期信号及其离散谱线

3.1.2　离散傅里叶级数及其性质

（1）离散傅里叶级数的定义

和连续时间周期信号一样,离散时间周期序列也可用傅里叶级数展开,我们称之为离散傅里叶级数。离散傅里叶级数的定义如下:

设 $\tilde{x}(n)$ 是周期为 N 的一个周期序列,即 $\tilde{x}(n) = \tilde{x}(n + rN)$, r 为任意整数, $\tilde{x}(n)$ 可以展开为如下的离散傅里叶级数,即:

$$\tilde{x}(n) = \frac{1}{N} \sum_{k=0}^{N-1} \tilde{X}(k) e^{j\frac{2\pi}{N}kn} \tag{3.1.3}$$

式中 $e^{j\frac{2\pi}{N}n}$ 是基频序列。 $e^{j\frac{2\pi}{N}kn}$ 是 k 次谐波序列。由于 $e^{j\frac{2\pi}{N}(k+rN)n} = e^{j\frac{2\pi}{N}kn}$,导致离散傅里叶级数只有 N 个不同的谐波成分,其中 $\tilde{X}(k)$ 是 k 次谐波的系数。下面来求解 $\tilde{X}(k)$ 。将式（3.1.3）两端同乘以 $e^{-j\frac{2\pi}{N}rn}$,然后在 $n=0$ 到 $N-1$ 的一个周期内求和,则得到:

$$\sum_{n=0}^{N-1} \tilde{x}(n) e^{-j\frac{2\pi}{N}rn} = \sum_{n=0}^{N-1} \frac{1}{N} \sum_{k=0}^{N-1} \tilde{X}(k) e^{j\frac{2\pi}{N}(k-r)n}$$

$$= \sum_{k=0}^{N-1} \tilde{X}(k) \left[\frac{1}{N} \sum_{n=0}^{N-1} e^{j\frac{2\pi}{N}(k-r)n} \right] = \tilde{X}(r)$$

因为

$$\sum_{n=0}^{N-1} e^{j\frac{2\pi}{N}(k-r)n} = \begin{cases} N, & k = r \\ 0, & k \neq r \end{cases}$$

把 r 换成 k 可得:

$$\tilde{X}(k) = \sum_{n=0}^{N-1} \tilde{x}(n) e^{-j\frac{2\pi}{N}kn} \tag{3.1.4}$$

可以看出 $\tilde{X}(k)$ 也是一个以 N 为周期的周期序列,即:

$$\widetilde{X}(k + mN) = \sum_{n=0}^{N-1} \widetilde{x}(n) \mathrm{e}^{-j\frac{2\pi}{N}(k+mN)n} = \sum_{n=0}^{N-1} \widetilde{x}(n) \mathrm{e}^{-j\frac{2\pi}{N}kn} = \widetilde{X}(k)$$

只取 $k = 0$ 到 $N-1$ 的 N 个 $\widetilde{X}(k)$ 作为 N 个谐波分量的系数。

一般记 $W_N = \mathrm{e}^{-j\frac{2\pi}{N}}$，则式(3.1.3)和式(3.1.4)可表示成：

正变换 $\qquad \widetilde{X}(k) = \mathrm{DFS}[\widetilde{x}(n)] = \sum_{n=0}^{N-1} \widetilde{x}(n) \mathrm{e}^{-j\frac{2\pi}{N}kn} = \sum_{n=0}^{N-1} \widetilde{x}(n) W_N^{nk}$ $\qquad$ (3.1.5)

反变换 $\qquad \widetilde{x}(n) = \mathrm{IDFS}[\widetilde{X}(k)] = \frac{1}{N}\sum_{k=0}^{N-1} \widetilde{X}(k) \mathrm{e}^{j\frac{2\pi}{N}kn} = \frac{1}{N}\sum_{k=0}^{N-1} \widetilde{X}(k) W_N^{-nk}$ $\qquad$ (3.1.6)

DFS[ ]表示离散傅里叶正变换，IDFS[ ]表示离散傅里叶反变换。

$\widetilde{x}(n)$ 与 $\widetilde{X}(k)$ 虽然均为无限长的周期序列，但只要知道一个周期的内容，其余的内容也就知道了。因此，周期为 N 的无限长序列实际上只有 N 个不同样值的信息，它和有限长序列有着一定的联系。

（2）离散傅里叶级数的性质

1）线性性质

设 $\widetilde{x}_1(n)$ 和 $\widetilde{x}_2(n)$ 皆是周期为 N 两个周期序列，它们各自的 DFS 为：

$$\widetilde{X}_1(k) = \mathrm{DFS}[\widetilde{x}_1(n)], \qquad \widetilde{X}_2(k) = \mathrm{DFS}[\widetilde{x}_2(n)]$$

则线性组合 $a\widetilde{x}_1(n) + b\widetilde{x}_2(n)$（$a,b$ 为任意常数）的离散傅里叶级数为：

$$\mathrm{DFS}[a\widetilde{x}_1(n) + b\widetilde{x}_2(n)] = a\widetilde{X}_1(k) + b\widetilde{X}_2(k) \qquad (3.1.7)$$

这一性质可由 DFS 定义直接证明，此处略。

2）移位性质

一个周期序列向左或向右位移 m 个样本时，在一个周期内移出去的序列，将有相邻周期的序列移进来加以补充。

①时移特性

设 $\widetilde{x}(n)$ 是周期为 N 的周期序列，$\widetilde{X}(k) = \mathrm{DFS}[\widetilde{x}(n)]$，则对于任意给定的整数 m，下面的等式成立：

$$\mathrm{DFS}[\widetilde{x}(n + m)] = W_N^{-mk}\widetilde{X}(k) \qquad (3.1.8)$$

证明： $\quad \mathrm{DFS}[\widetilde{x}(n + m)] = \sum_{n=0}^{N-1} \widetilde{x}(n + m) W_N^{nk} \underline{\underline{i = n + m}} \sum_{i=m}^{N-1+m} \widetilde{x}(i) W_N^{ik} W_N^{-mk}$

由于 $\widetilde{x}(i)$ 和 W_N^{ik} 都是以 N 为周期的周期函数，故：

$$\mathrm{DFS}[\widetilde{x}(n + m)] = W_N^{-mk}\sum_{i=m}^{N-1+m} \widetilde{x}(i) W_N^{ik} = W_N^{-mk}\sum_{i=0}^{N-1} \widetilde{x}(i) W_N^{ki} = W_N^{-mk}\widetilde{X}(k)$$

②频移特性

设 $\widetilde{x}(n)$ 是周期为 N 的周期序列，$\widetilde{X}(k) = \mathrm{DFS}[\widetilde{x}(n)]$，对任意给定的整数 l，下面的等式成立：

$$\text{DFS}\left[W_N^{ln}\tilde{x}(n)\right] = \tilde{X}(k+l) \tag{3.1.9}$$

证明：

$$\text{DFS}\left[W_N^{ln}\tilde{x}(n)\right] = \sum_{n=0}^{N-1} W_N^{ln}\tilde{x}(n)W_N^{nk} = \sum_{n=0}^{N-1}\tilde{x}(n)W_N^{(l+k)n} = \tilde{X}(k+l)$$

3）对称性

设 $\tilde{x}(n) = \tilde{x}_r(n) + j\tilde{x}_i(n) = \tilde{x}_e(n) + \tilde{x}_o(n)$ 是周期为 N 的周期序列，且

$$\text{DFS}[\tilde{x}(n)] = \tilde{X}(k) = \tilde{X}_r(k) + j\tilde{X}_i(k) = \tilde{X}_e(k) + \tilde{X}_o(k)$$

其中

$$\tilde{x}_r(n) = \text{Re}[\tilde{x}(n)], \tilde{x}_i(n) = \text{Im}[\tilde{x}(n)]$$

$$\tilde{X}_r(k) = \text{Re}[\tilde{X}(k)], \tilde{X}_i(k) = \text{Im}[\tilde{X}(k)]$$

$\tilde{x}_e(n)$ 和 $\tilde{x}_o(n)$ 分别是 $\tilde{x}(n)$ 关于原点的共轭对称分量和共轭反对称分量，$\tilde{X}_e(k)$ 和 $\tilde{X}_o(k)$ 分别是 $\tilde{X}(k)$ 关于原点的共轭对称分量和共轭反对称分量。

则：

$$\text{DFS}[\tilde{x}^*(n)] = \tilde{X}^*(-k) \tag{3.1.10}$$

$$\text{DFS}[\tilde{x}^*(-n)] = \tilde{X}^*(k) \tag{3.1.11}$$

$$\text{DFS}[\tilde{x}_r(n)] = \tilde{X}_e(k) \tag{3.1.12}$$

$$\text{DFS}[j\tilde{x}_i(n)] = \tilde{X}_o(k) \tag{3.1.13}$$

$$\text{DFS}[\tilde{x}_e(n)] = \tilde{X}_r(k) \tag{3.1.14}$$

$$\text{DFS}[\tilde{x}_o(n)] = j\tilde{X}_i(k) \tag{3.1.15}$$

证明：$\text{DFS}[\tilde{x}^*(n)] = \sum_{n=0}^{N-1}\tilde{x}^*(n)W_N^{nk} = \sum_{n=0}^{N-1}[\tilde{x}(n)W_N^{-nk}]^* = \tilde{X}^*(-k)$

同理可证式(3.1.11)。

由于 $\tilde{x}_r(n) = \dfrac{1}{2}[\tilde{x}(n) + \tilde{x}^*(n)], \tilde{x}_i(n) = \dfrac{1}{2j}[\tilde{x}(n) - \tilde{x}^*(n)]$

$$\tilde{x}_e(n) = \frac{1}{2}[\tilde{x}(n) + \tilde{x}^*(-n)], \tilde{x}_o(n) = \frac{1}{2}[\tilde{x}(n) - \tilde{x}^*(-n)]$$

因此 $\text{DFS}[\tilde{x}_r(n)] = \dfrac{1}{2}\{\text{DFS}[\tilde{x}(n)] + \text{DFS}[\tilde{x}^*(n)]\}$

$$= \frac{1}{2}[\tilde{X}(k) + \tilde{X}^*(-k)] = \tilde{X}_e(k)$$

$$\text{DFS}[\tilde{x}_e(n)] = \frac{1}{2}\{\text{DFS}[\tilde{x}(n)] + \text{DFS}[\tilde{x}^*(-n)]\}$$

$$= \frac{1}{2}[\tilde{X}(k) + \tilde{X}^*(k)] = \tilde{X}_r(k)$$

同理可证式(3.1.13)、式(3.1.15)。

若 $\tilde{x}(n)$ 是一实序列,则 $\tilde{x}(n) = \tilde{x}^*(n)$,由式(3.1.10)可得:

$$\tilde{X}(k) = \tilde{X}^*(-k) \tag{3.1.16}$$

这说明实序列的 DFS 是共轭对称的,即:

$$\mathrm{Re}[\tilde{X}(k)] = \mathrm{Re}[\tilde{X}^*(-k)] \tag{3.1.17}$$

$$\mathrm{lm}[\tilde{X}(k)] = -\mathrm{lm}[\tilde{X}^*(-k)] \tag{3.1.18}$$

$$|\tilde{X}(k)| = |\tilde{X}^*(-k)| \tag{3.1.19}$$

$$\arg[\tilde{X}(k)] = -\arg[\tilde{X}^*(-k)] \tag{3.1.20}$$

又因为 $\tilde{X}(k)$ 是一个以 N 为周期的周期序列,故 $\tilde{X}(k) = \tilde{X}^*(N-k)$。

4)周期卷积性质

①周期卷积的定义

设 $\tilde{x}_1(n)$ 和 $\tilde{x}_2(n)$ 皆是周期为 N 的周期序列,它们的周期卷积定义为:

$$\tilde{y}(n) = \sum_{m=0}^{N-1} \tilde{x}_1(m)\tilde{x}_2(n-m) \tag{3.1.21}$$

下面举例说明两个周期序列 $\tilde{x}_1(n)$ 和 $\tilde{x}_2(n)$（周期为 $N=6$）周期卷积的计算过程。如图 3.1.2 所示,计算过程中需要用到序列的翻折、周期移位、相乘、相加等步骤,运算在 $n=0$ 到 $N-1$ 区间内进行,先计算出 $n=0,1,\cdots,N-1$ 的结果,然后将所得结果周期延拓,就得到所求的整个周期序列 $\tilde{y}(n)$。

周期卷积与线性卷积的区别在于:线性卷积是在有限或无限区间内求和,两个不同长度的序列可以进行线性卷积,而只有同周期的两个序列才能进行周期卷积;线性卷积后所得序列的长度由参与卷积的两个序列的长度决定,而由周期卷积的定义可知,两个周期为 N 的序列周期卷积的结果仍是一个周期为 N 的序列,正是由于周期卷积结果是无限长同周期序列,所以只要在一个主值区间内求和就可代表了。

有了上述周期卷积的定义,我们就可以给出 DFS 的时域及频域周期卷积的性质。

②时域及频域周期卷积的性质

设 $\tilde{x}_1(n)$ 和 $\tilde{x}_2(n)$ 皆是周期为 N 的两个周期序列,它们各自的 DFS 为:

$$\tilde{X}_1(k) = \mathrm{DFS}[\tilde{x}_1(n)], \tilde{X}_2(k) = \mathrm{DFS}[\tilde{x}_2(n)]$$

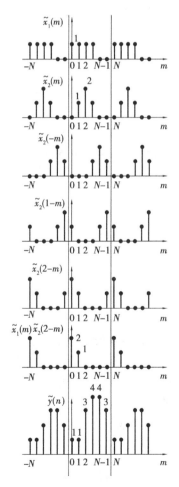

图 3.1.2 两个周期序列($N=6$)的周期卷积过程

如果 $\tilde{Y}(k) = \tilde{X}_1(k)\tilde{X}_2(k)$ ，则 $\tilde{y}(n) = \tilde{x}_1(n) * \tilde{x}_2(n)$ 。

即：
$$\tilde{y}(n) = \text{IDFS}[\tilde{Y}(k)] = \sum_{m=0}^{N-1} \tilde{x}_1(m)\tilde{x}_2(n-m)$$

$$= \sum_{m=0}^{N-1} \tilde{x}_2(m)\tilde{x}_1(n-m) \tag{3.1.22}$$

如果 $\tilde{y}(n) = \tilde{x}_1(n)\tilde{x}_2(n)$ ，则 $\tilde{Y}(k) = \dfrac{1}{N}\tilde{X}_1(k) * \tilde{X}_2(k)$ 。

即：
$$\tilde{Y}(k) = \text{DFS}[\tilde{y}(n)] = \frac{1}{N}\sum_{l=0}^{N-1}\tilde{X}_1(l)\tilde{X}_2(k-l) = \frac{1}{N}\sum_{l=0}^{N-1}\tilde{X}_2(l)\tilde{X}_1(k-l) \tag{3.1.23}$$

由此可知,在时域内的两个周期序列的周期卷积,对应于在频域内它们各自 DFS 的乘积;时域周期序列的乘积,对应于在频域内它们各自 DFS 的周期卷积。前一性质常被称为时域周期卷积定理,后一性质被称为频域周期卷积定理。式(3.1.22)证明如下:

证明：
$$\tilde{y}(n) = \text{IDFS}[\tilde{X}_1(k)\tilde{X}_2(k)] = \frac{1}{N}\sum_{k=0}^{N-1}\tilde{X}_1(k)\tilde{X}_2(k)W_N^{-kn}$$

代入
$$\tilde{X}_1(k) = \sum_{m=0}^{N-1}\tilde{x}_1(m)W_N^{mk}$$

则
$$\tilde{y}(n) = \frac{1}{N}\sum_{k=0}^{N-1}\sum_{m=0}^{N-1}\tilde{x}_1(m)\tilde{X}_2(k)W_N^{-(n-m)k} = \sum_{m=0}^{N-1}\tilde{x}_1(m)\left[\frac{1}{N}\sum_{k=0}^{N-1}\tilde{X}_2(k)W_N^{-(n-m)k}\right]$$

$$= \sum_{m=0}^{N-1}\tilde{x}_1(m)\tilde{x}_2(n-m)$$

将变量进行简单换元,即可得等价的表示式:

$$\tilde{y}(n) = \sum_{m=0}^{N-1}\tilde{x}_2(m)\tilde{x}_1(n-m)$$

式(3.1.23)证明从略。

3.2 有限长序列的离散频域分析——离散傅里叶变换(DFT)

离散傅里叶级数研究的是周期序列的变换问题,然而在实际中遇到的往往是非周期信号,经取样后得到的也是非周期序列,因而研究非周期序列的变换更具有实际意义。非周期序列可能是有限长,也可能是无限长,而计算机只能处理有限长的序列,因此我们只研究有限长序列的变换,对于无限长序列,可以用矩形窗将其截成 N 点的有限长序列。实际上,可以把长度为 N 的有限长非周期序列 $x(n)$ 看成周期为 N 的周期序列中的一个周期,利用离散傅里叶级数计算周期序列的一个周期,这就得到了有限长序列的离散傅里叶变换。

3.2.1 离散傅里叶变换的导出及其定义

设 $x(n)$ 为长度为 N 的有限长序列,我们把它看成周期为 N 的周期序列 $\tilde{x}(n)$ 的一个周期,即把 $\tilde{x}(n)$ 看成 $x(n)$ 以 N 为周期的周期延拓,$x(n)$ 与 $\tilde{x}(n)$ 的关系可表示为:

$$x(n) = \begin{cases} \tilde{x}(n), & 0 \leqslant n \leqslant N-1 \\ 0, & \text{其他 } n \end{cases} \tag{3.2.1}$$

或写成
$$x(n) = \tilde{x}(n)R_N(n) \tag{3.2.2}$$

式中，$R_N(n)$ 是矩形序列的符号：

$$R_N(n) = \begin{cases} 1, & 0 \leqslant n \leqslant N-1 \\ 0, & \text{其他 } n \end{cases}$$

通常把 $\tilde{x}(n)$ 的第一个周期 $n=0$ 到 $N-1$ 定义为"主值区间"，$x(n)$ 看成是 $\tilde{x}(n)$ 的"主值序列"。

$$\tilde{x}(n) = \sum_{r=-\infty}^{\infty} x(n+rN), \qquad r \text{ 为整数}, \tag{3.2.3}$$

或写成
$$\tilde{x}(n) = x(n \text{ 模 } N) = x((n))_N \tag{3.2.4}$$

式中符号 $(n \text{ 模 } N)$ 或 $((n))_N$ 表示求 n 对 N 的余数或 n 对 N 取模值。令 $n = n_1 + mN$，$0 \leqslant n_1 \leqslant N-1$，$m$ 为整数，则 n_1 为 n 对 N 的余数，不管 n_1 加上多少倍的 N，其余数皆为 n_1。例如：$\tilde{x}(n)$ 是周期为 $N=8$ 的序列，对于 $n=19$，因为 $n=19=3+2\times8$，则有 $\tilde{x}(19) = x(19 \text{ 模 } 8) = x((19))_8 = x(3)$。

同理，在频域内，周期序列 $\tilde{X}(k)$ 可以看成是有限长序列 $X(k)$ 的周期延拓，而有限长序列 $X(k)$ 看成是周期序列 $\tilde{X}(k)$ 的"主值序列"，即：

$$\tilde{X}(k) = X((k))_N \tag{3.2.5}$$

$$X(k) = \tilde{X}(k)R_N(k) \tag{3.2.6}$$

定义：$X(k)$ 为有限长序列 $x(n)$ 的离散傅里叶变换正变换，简记为 DFT，逆变换简记为 IDFT，于是 $x(n)$ 和 $X(k)$ 形成傅里叶变换对，即：

正变换　　　$X(k) = \text{DFT}[x(n)] = \sum_{n=0}^{N-1} x(n)W_N^{nk}, \quad 0 \leqslant k \leqslant N-1 \tag{3.2.7}$

反变换　　　$x(n) = \text{IDFT}[X(k)] = \dfrac{1}{N}\sum_{k=0}^{N-1} X(k)W_N^{-nk}, \quad 0 \leqslant n \leqslant N-1 \tag{3.2.8}$

3.2.2　离散傅里叶变换的性质

（1）线性

设两个有限长序列为 $x_1(n)$ 和 $x_2(n)$，$X_1(k) = \text{DFT}[x_1(n)]$，$X_2(k) = \text{DFT}[x_2(n)]$，则有：
$$\text{DFT}[ax_1(n) + bx_2(n)] = aX_1(k) + bX_2(k) \tag{3.2.9}$$
其中 a, b 为任意常数。

注意在实际问题中，若 $x_1(n)$ 和 $x_2(n)$ 的长度均为 N 点，则 $aX_1(k) + bX_2(k)$ 长度也为 N 点；若 $x_1(n)$ 的长度为 N_1，$x_2(n)$ 的长度为 N_2，则应取 $N = \max[N_1, N_2]$，将 $x_1(n)$ 或 $x_2(n)$ 补上

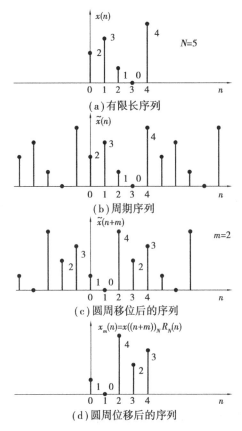

（a）有限长序列

（b）周期序列

（c）圆周移位后的序列

（d）圆周位移后的序列

图 3.2.1　序列的圆周移位过程（$N = 5$）

零值，使其长度均为 N 点，按 N 点计算 DFT。例如，若 $N_2 > N_1$，则应将 $x_1(n)$ 补零使其长度延长至 N_2，这样使 $x_1(n)$ 和 $x_2(n)$ 均成了长度为 $N = N_2$ 的有限长序列，然后分别对 $x_1(n)$ 和 $x_2(n)$ 作 $N = N_2$ 点的 DFT。此时 $X_1(k)$ 和 $X_2(k)$ 以及 $aX_1(k) + bX_2(k)$ 的长度均为 $N = N_2$。

（2）序列的圆周移位

1）圆周移位的定义

一个长度为 N 的有限长序列 $x(n)$，它的圆周移位是指将其周期延拓成周期序列 $\tilde{x}(n)$，将周期序列 $\tilde{x}(n)$ 加以移位，然后取主值区间（$n = 0$ 到 $N - 1$）上的序列值。因而一个有限长序列 $x(n)$ 的圆周移位定义为：

$$x_m(n) = x((n + m))_N R_N(n) \quad (3.2.10)$$

式中，$x((n + m))_N = \tilde{x}(n + m)$。这一过程如图 3.2.1 所示。

2）序列的圆周移位性质

设将 N 点序列 $x(n)$，左移或右移 m 个抽样周期，则有：

$$\begin{aligned}
\text{DFT}[x(n \pm m)] &= \text{DFT}[x_{\pm m}(n)] \\
&= \text{DFT}[x((n \pm m))_N R_N(n)] \\
&= W^{\mp mk} X(k) \quad (3.2.11)
\end{aligned}$$

证明：根据 DFT 的定义，有：

$$\text{DFT}[x(n + m)] = \text{DFT}[x((n + m))_N R_N(n)]$$

$$= \sum_{n=0}^{N-1} x((n + m))_N R_N(n) W_N^{nk}$$

$$\underline{\diamondsuit\, n + m = r} \sum_{r=m}^{N-1+m} x((r))_N R_N(r - m) W_N^{(r-m)k}$$

$$= W_N^{-mk} \left[\sum_{r=m}^{N-1} x((r))_N R_N(r - m) W_N^{rk} + \sum_{r=N}^{N-1+m} x((r))_N R_N(r - m) W_N^{rk} \right]$$

$$= W_N^{-mk} \left[\sum_{r=m}^{N-1} x((r))_N R_N(r - m) W_N^{rk} + \sum_{r=0}^{m-1} x((r))_N R_N(r + N - m) W_N^{rk} \right]$$

$$= W_N^{-mk} \sum_{r=0}^{N-1} x((r))_N R_N(r) W_N^{rk} = W_N^{-mk} \sum_{r=0}^{N-1} x((r))_N W_N^{rk} R_N(k) = W_N^{-mk} X(k)$$

这表明，有限长序列的圆周移位，在离散频域中只引入一个和频域成正比的线性相移 $W_N^{\mp km} = \text{e}^{\left(\pm j\frac{2\pi}{N}k\right)m}$，对频域的幅度没有影响。

同样利用频域与时域的对偶关系，可以证明以下性质：

若 $X(k) = \text{DFT}[x(n)]$，则：

$$\mathrm{IDFT}\big[X((k+l))_N R_N(k)\big] = W_N^{nl} x(n) \tag{3.2.12}$$

这就是调制特性。它说明,时域序列的调制等效于频域的圆周位移。由此式可以得出以下两个公式。证明从略。

$$\mathrm{DFT}\Big[x(n)\cos\Big(\frac{2\pi nl}{N}\Big)\Big] = \frac{1}{2}\big[X((k-l))_N + X((k+l))_N\big]R_N(k) \tag{3.2.13}$$

$$\mathrm{DFT}\Big[x(n)\sin\Big(\frac{2\pi nl}{N}\Big)\Big] = \frac{1}{2\mathrm{j}}\big[X((k-l))_N - X((k+l))_N\big]R_N(k) \tag{3.2.14}$$

(3)奇、偶、实、虚对称性

我们知道,任意序列 $x(n)$ 总能表示成一个共轭对称序列与一个共轭反对称序列之和,即:

$$x(n) = x_e(n) + x_o(n) \tag{3.2.15}$$

其中

$$x_e(n) = \frac{1}{2}\big[x(n) + x^*(-n)\big] \tag{3.2.16}$$

$$x_o(n) = \frac{1}{2}\big[x(n) - x^*(-n)\big] \tag{3.2.17}$$

所以周期序列 $\tilde{x}(n)$ 也可以表示成一个共轭对称序列与一个共轭反对称序列之和。

$$\tilde{x}(n) = \tilde{x}_e(n) + \tilde{x}_o(n) \tag{3.2.18}$$

其中

$$\tilde{x}_e(n) = \frac{1}{2}\big[\tilde{x}(n) + \tilde{x}^*(-n)\big] \tag{3.2.19}$$

$$\tilde{x}_o(n) = \frac{1}{2}\big[\tilde{x}(n) - \tilde{x}^*(-n)\big] \tag{3.2.20}$$

对于 N 点的序列 $x(n)$,共轭对称序列 $x_e(n)$ 和共轭反对称序列 $x_o(n)$ 都是 $2N-1$ 点。对于周期为 N 的周期序列 $\tilde{x}(n)$,共轭对称序列 $\tilde{x}_e(n)$ 和共轭反对称序列 $\tilde{x}_o(n)$ 也都是周期为 N 的序列。当考察有限长序列的 DFT 的对称性时,由于 n 只在 0 到 $N-1$ 区间上取值,因此需要对 $x_e(n)$ 和 $x_o(n)$ 的定义进行修改。引进两个新的定义 $x_{ep}(n)$ 和 $x_{op}(n)$,$x_{ep}(n)$ 称为有限长序列 $x(n)$ 的圆周共轭对称分量,$x_{op}(n)$ 称为有限长序列 $x(n)$ 的圆周共轭反对称分量。它们分别定义为:

$$x_{ep}(n) = \tilde{x}_e(n)R_N(n) = \frac{1}{2}\big[x((n))_N + x^*((N-n))_N\big]R_N(n) \tag{3.2.21}$$

$$x_{op}(n) = \tilde{x}_o(n)R_N(n) = \frac{1}{2}\big[x((n))_N - x^*((N-n))_N\big]R_N(n) \tag{3.2.22}$$

由于满足

$$\tilde{x}(n) = \tilde{x}_e(n) + \tilde{x}_o(n)$$

故

$$x(n) = \tilde{x}(n)R_N(n) = \big[\tilde{x}_e(n) + \tilde{x}_o(n)\big]R_N(n)$$

即

$$x(n) = x_{ep}(n) + x_{op}(n)$$

也就是说,点数为 N 的有限长序列 $x(n)$ 可以分解为相同点数的两个分量,即圆周共轭对称分量 $x_{ep}(n)$ 和圆周共轭反对称分量 $x_{op}(n)$。

图 3.2.2 所示为周期序列的共轭对称及共轭反对称分量、有限长序列的圆周共轭对称及圆周共轭反对称分量以及共轭对称及共轭反对称分量。

对于频域序列,具有完全类似的定义。在这样的定义下,DFT 具有与 DFS 对应的对称性质。

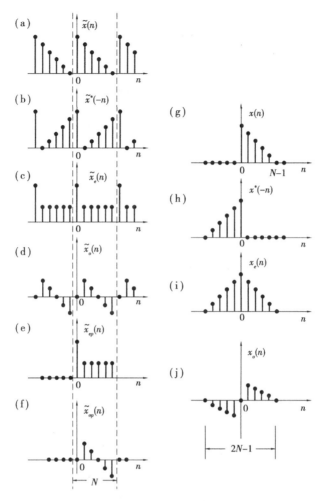

图 3.2.2　周期序列与有限长序列的共轭对称、共轭反对称分量，
以及圆周共轭对称及共轭反对称分量

若　　　　　　　　　$\text{DFT}[x(n)] = \text{DFT}[x_r(n) + jx_i(n)] = X(k)$

则　　　　$\text{DFT}[x^*(n)] = X^*((-k))_N R_N(k) = X^*((N-k))_N R_N(k)$　　　(3.2.23)

$$\text{DFT}[x^*((-n))_N R_N(n)] = X^*(k) \qquad (3.2.24)$$

$$\text{DFT}[x_r(n)] = X_{ep}(k) \qquad (3.2.25)$$

$$\text{DFT}[jx_i(n)] = X_{op}(k) \qquad (3.2.26)$$

$$\text{DFT}[x_{ep}(n)] = X_r(k) \qquad (3.2.27)$$

$$\text{DFT}[x_{op}(n)] = jX_i(k) \qquad (3.2.28)$$

式(3.2.23)~式(3.2.28)证明如下。

证明：　$\text{DFT}[x^*(n)] = \sum\limits_{n=0}^{N-1} x^*(n) W_N^{nk} R_N(k) = \left[\sum\limits_{n=0}^{N-1} x(n) W_N^{-nk} \right]^* R_N(k)$

$$= X^*((-k))_N R_N(k)$$

$$= X^*((N-k))_N R_N(k)$$

$$\mathrm{DFT}[x^*((-n))_N R_N(n)] = \sum_{n=0}^{N-1} x^*((-n))_N R_N(n) W_N^{nk}$$

$$= \left[\sum_{n=0}^{N-1} x((-n))_N W_N^{-nk}\right]^*$$

$$= \left[\sum_{n=-(N-1)}^{0} x((n))_N W_N^{nk}\right]^*$$

$$= \left[\sum_{n=0}^{N-1} x((n))_N W_N^{nk}\right]^*$$

$$= \left[\sum_{n=0}^{N-1} x(n) W_N^{nk}\right]^* = X^*(k)$$

由于 $x_r(n) = \dfrac{1}{2}[x(n) + x^*(n)]$

故
$$\mathrm{DFT}[x_r(n)] = \frac{1}{2}\{\mathrm{DFT}[x(n)] + \mathrm{DFT}[x^*(n)]\}$$

$$= \frac{1}{2}[X(k) + X^*((N-k))_N R_N(k)]$$

$$= \frac{1}{2}[X((k))_N + X^*((N-k))_N] R_N(k)$$

$$= X_{ep}(k)$$

由于
$$jx_i(n) = \frac{1}{2}[x(n) - x^*(n)]$$

故
$$\mathrm{DFT}[jx_i(n)] = \frac{1}{2}\{\mathrm{DFT}[x(n)] - \mathrm{DFT}[x^*(n)]\}$$

$$= \frac{1}{2}[X(k) - X^*((N-k))_N R_N(k)]$$

$$= \frac{1}{2}[X((k))_N - X^*((N-k))_N] R_N(k)$$

$$= X_{op}(k)$$

$$\mathrm{DFT}[x_{ep}(n)] = \frac{1}{2}\{\mathrm{DFT}[x((n))_N R_N(n)] + \mathrm{DFT}[x^*((N-n))_N R_N(n)]\}$$

$$= \frac{1}{2}[X(k) + X^*(k)]$$

$$= X_r(k)$$

同理可证式(3.2.28)。

若 $x(n)$ 是实序列,由于 $x(n) = x^*(n)$,由式(3.2.23)可得:
$$X(k) = X^*((N-k))_N R_N(k) \tag{3.2.29}$$

即
$$\mathrm{Re}[X(k)] = \mathrm{Re}[X((N-k))_N] R_N(k)$$
$$\mathrm{Im}[X(k)] = -\mathrm{Im}[X((N-k))_N] R_N(k)$$
$$|X(k)| = |X((N-k))_N| R_N(k)$$
$$\arg[X(k)] = -\arg[X((N-k))_N] R_N(k) \tag{3.2.30}$$

若 $x(n)$ 是纯虚序列,由于 $-x(n) = x^*(n)$,由式(3.2.23)可得:

$$X(k) = -X^*((N-k))_N R_N(k) \tag{3.2.31}$$

即

$$\mathrm{Re}[X(k)] = -\mathrm{Re}[X((N-k))_N]R_N(k)$$

$$\mathrm{lm}[X(k)] = \mathrm{lm}[X((N-k))_N]R_N(k)$$

$$|X(k)| = |X((N-k))_N|R_N(k)$$

$$\arg[X(k)] = -\arg[X((N-k))_N]R_N(k) \tag{3.2.32}$$

根据 DFT 的对称性质,总结归纳出了有限长序列及其 DFT 的奇、偶、虚、实关系如表 3.1 所示。这一关系清晰地展示了时域序列的奇、偶、虚、实特性与频域序列的奇、偶、虚、实特性是如何对应的。这里

奇对称——指序列是圆周奇对称序列;

偶对称——指序列是圆周偶对称序列;

虚　数——指序列是纯虚序列;

实　数——指序列是实序列。

表 3.2.1　序列及其 DFT 的奇、偶、虚、实关系

$x(n)$ 〔或 $X(k)$〕	$X(k)$〔或 $x(n)$〕
偶对称	偶对称
奇对称	奇对称
实数	实部为偶对称、虚部为奇对称
虚数	实部为奇对称、虚部为偶对称
实数偶对称	实数偶对称
实数奇对称	虚数奇对称
虚数偶对称	虚数偶对称
虚数奇对称	实数奇对称

(4) 圆周卷积

1) 圆周卷积的定义

设 $x_1(n)$ 和 $x_2(n)$ 皆是点数为 N 的有限长序列 $(0 \leqslant n \leqslant N-1)$,它们的圆周卷积定义为:

$$y(n) = \left[\sum_{m=0}^{N-1} x_1(m)x_2((n-m))_N\right]R_N(n) = \left[\sum_{m=0}^{N-1} x_2(m)x_1((n-m))_N\right]R_N(n) \tag{3.2.33}$$

下面举例来说明两个有限长序列 $x_1(n)$ 和 $x_2(n)$ $(N=7)$ 的圆周卷积的计算过程。如图 3.2.3 所示,可以看出圆周卷积和周期卷积过程是一样的。公式中的 $x_2((n-m))_N$ 只在 $m = 0$ 到 $N-1$ 的范围内取值,因而它就是圆周移位,所以这一卷积称为圆周卷积,用符号 Ⓝ 表示。圆圈内的 N 表示所作的是 N 点圆周卷积,简单地记为:

$$y(n) = x_1(n) \Ⓝ\ x_2(n) = x_2(n) \Ⓝ\ x_1(n) \tag{3.2.34}$$

2) 圆周卷积的性质

有了上述圆周卷积的定义,可以给出 DFT 的时域及频域圆周卷积性质。

设 $x_1(n)$、$x_2(n)$ 都是点数为 N 的有限长序列 $(0 \leqslant n \leqslant N-1)$,它们各自的 DFT 为:

$$X_1(k) = \mathrm{DFT}[x_1(n)],\ X_2(k) = \mathrm{DFT}[x_2(n)]$$

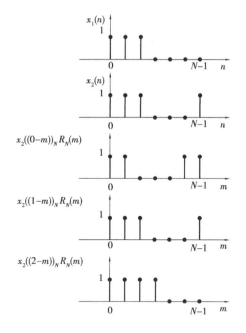

图 3.2.3　两个有限长序列($N = 7$)的圆周卷积

①时域圆周卷积性质

若 $Y(k) = X_1(k)X_2(k)$，则 $y(n) = x_1(n) \, \textcircled{N} \, x_2(n) = x_2(n) \, \textcircled{N} \, x_1(n)$

即：
$$y(n) = \text{IDFS}[Y(k)] = \Big[\sum_{m=0}^{N-1} x_1(m) x_2((n-m))_N \Big] R_N(n)$$

$$= \Big[\sum_{m=0}^{N-1} x_2(m) x_1((n-m))_N \Big] R_N(n) \tag{3.2.35}$$

②频域圆周卷积定理

若 $y(n) = x_1(n) x_2(n)$，则 $Y(k) = \dfrac{1}{N} X_1(k) \, \textcircled{N} \, X_2(k)$

即：
$$Y(k) = \text{DFT}[y(n)] = \frac{1}{N} \Big[\sum_{l=0}^{N-1} X_1(l) X_2((k-l))_N \Big] R_N(k)$$

$$= \frac{1}{N} \Big[\sum_{l=0}^{N-1} X_2(l) X_1((k-l))_N \Big] R_N(k) \tag{3.2.36}$$

证明：先将 $Y(k)$ 周期延拓，即 $\widetilde{Y}(k) = \widetilde{X}_1(k) \widetilde{X}_2(k)$

按照 DFS 的周期卷积公式，有：

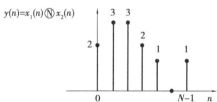

$$\widetilde{y}(n) = \sum_{m=0}^{N-1} \widetilde{x}_1(m) \widetilde{x}_2(n-m) = \sum_{m=0}^{N-1} x_1((m))_N x_2((n-m))_N$$

由于 $0 \leqslant m \leqslant N - 1$，故 $x_1((m))_N = x_1(m)$

因此：
$$y(n) = \tilde{y}(n) R_N(n) = \left[\sum_{m=0}^{N-1} x_1(m) x_2((n-m))_N \right] R_N(n)$$

同理可证：
$$y(n) = \left[\sum_{m=0}^{N-1} \tilde{x}_2(m) \tilde{x}_1((n-m))_N \right] R_N(n)$$

利用时域和频域的对称性，(3.2.36)式也可得到证明。

(5)帕斯瓦尔定理

$$\sum_{n=0}^{N-1} x(n) y^*(n) = \frac{1}{N} \sum_{k=0}^{N-1} X(k) Y^*(k) \tag{3.2.37}$$

当 $y(n) = x(n)$ 时，有
$$\sum_{n=0}^{N-1} x(n) x^*(n) = \frac{1}{N} \sum_{k=0}^{N-1} X(k) X^*(k)$$

即
$$\sum_{n=0}^{N-1} |x(n)|^2 = \frac{1}{N} \sum_{k=0}^{N-1} |X(k)|^2 \tag{3.2.38}$$

上式是 DFT 形式下的帕斯瓦尔定理，它表明一个序列在时域计算的能量与在频域计算的能量是相等的。

证明：
$$\sum_{n=0}^{N-1} x(n) y^*(n) = \sum_{n=0}^{N-1} x(n) \left[\frac{1}{N} \sum_{k=0}^{N-1} Y(k) W_N^{-kn} \right]^*$$
$$= \frac{1}{N} \sum_{k=0}^{N-1} Y^*(k) \sum_{n=0}^{N-1} x(n) W_N^{kn} = \frac{1}{N} \sum_{k=0}^{N-1} X(k) Y^*(k)$$

(6)圆周相关

所谓相关(线性相关)是指两个确定信号或两个随机信号之间的相互关系。对于随机信号，信号一般是不确定的，但它们的相关函数往往是确定的，因而在随机信号的数字处理中，可以用相关函数来描述一个平稳随机信号的统计特性。线性相关的定义为：

$$r_{xy} = \sum_{n=-\infty}^{\infty} x(n) y^*(n-m) = \sum_{n=-\infty}^{+\infty} x(n+m) y^*(n) \tag{3.2.39}$$

在讨论有限长序列的离散傅里叶变换时的圆周相关，它不同于线性相关，就像圆周卷积不同于线性卷积一样，下面讨论圆周相关定理。

若 $R_{xy}(k) = X(k) Y^*(k)$，则：

$$r_{xy}(m) = \text{IDFT}[R_{xy}(k)] = \sum_{n=0}^{N-1} y^*(n) x((n+m))_N R_N(m)$$
$$= \sum_{n=0}^{N-1} x(n) y^*((n-m))_N R_N(m) \tag{3.2.40}$$

证明：由于 $X(k)$，$Y^*(k)$ 都隐含有周期性，所以 $R_{xy}(k)$ 也隐含有周期性。将 $R_{xy}(k)$ 周期延拓，则有：

$$\tilde{R}_{xy}(k) = \tilde{X}(k) \tilde{Y}^*(k)$$

于是
$$\tilde{r}_{xy}(m) = \text{IDFS}[\tilde{R}_{xy}(k)] = \frac{1}{N} \sum_{k=0}^{N-1} \tilde{Y}^*(k) \tilde{X}(k) W_N^{-mk}$$

$$= \frac{1}{N} \sum_{k=0}^{N-1} \widetilde{Y}^{*}(k) \sum_{n=0}^{N-1} \widetilde{x}(n) W_{N}^{nk} W_{N}^{-mk}$$

$$= \sum_{n=0}^{N-1} \widetilde{x}(n) \frac{1}{N} \sum_{k=0}^{N-1} \widetilde{Y}^{*}(k) W_{N}^{(n-m)k}$$

$$= \sum_{n=0}^{N-1} \widetilde{x}(n) \left(\frac{1}{N} \sum_{k=0}^{N-1} \widetilde{Y}(k) W_{N}^{-(n-m)k} \right)^{*}$$

$$= \sum_{n=0}^{N-1} \widetilde{x}(n) \widetilde{y}^{*}(n-m) = \sum_{n=0}^{N-1} \widetilde{y}^{*}(n) \widetilde{x}(n+m)$$

等式两边取主值序列,即得:

$$r_{xy}(m) = \sum_{n=0}^{N-1} y^{*}(n) x((n+m))_{N} R_{N}(m)$$

$$= \sum_{n=0}^{N-1} x(n) y^{*}((n-m))_{N} R_{N}(m)$$

当仅考虑 $x(n)$, $y(n)$ 为实序列时,其共轭还是本身,则有:

$$r_{xy}(m) = \sum_{n=0}^{N-1} y(n) x((n+m))_{N} R_{N}(m)$$

$$= \sum_{n=0}^{N-1} x(n) y((n-m))_{N} R_{N}(m) \tag{3.2.41}$$

式 (3.2.41) 为两个 N 点有限长实序列 $x(n)$ 与 $y(n)$ 的 N 点圆周相关,而 $x((n+m))_{N}$, $y((n-m))_{N}$ 正好是 $x(n)$ 与 $y(n)$ 的圆周移位,变量 n 不需要折叠。

从以上的讨论可以得出一个结论:当处理有限长序列(点数为 N)的问题时,如果所涉及区间超出了主值区间($0 \sim N-1$),都应将有关序列延拓为周期序列,再进行有关处理,最后再将处理结果截断为有限长序列,即保留其主值区间的结果,其他区间的序列令其为零。

表 3.2.2　DFT 的性质(序列长皆为 N 点)

序　列	离散傅里叶变换(DFT)
1. $ax_{1}(n) + bx_{2}(n)$	$aX_{1}(k) + bX_{2}(k)$
2. $x((n+m))_{N} R_{N}(n)$	$W_{N}^{-mk} X(k)$
3. $W_{N}^{nl} x(n)$	$X((k+l))_{N} R_{N}(k)$
4. $x_{1}(n) \textcircled{N} x_{2}(n) = \sum_{m=0}^{N-1} x_{1}(m) x_{2}((n-m))_{N} R_{N}(n)$	$X_{1}(k) X_{2}(k)$
5. $r_{x_{2}x_{1}}(m) = \sum_{n=0}^{N-1} x_{1}^{*}(n) x_{2}((n+m))_{N} R_{N}(m)$	$X_{1}^{*}(k) X_{2}(k)$
6. $x_{1}(n) x_{2}(n)$	$\frac{1}{N} \sum_{l=0}^{N-1} X_{1}(l) X_{2}((k-l))_{N} R_{N}(k)$
7. $x^{*}(n)$	$X^{*}((-k))_{N} R_{N}(k)$
8. $x((-n))_{N} R_{N}(n)$	$X((-k))_{N} R_{N}(k)$
9. $x^{*}((-n))_{N} R_{N}(n)$	$X^{*}(k)$
10. $\mathrm{Re}[x(n)]$	$X_{ep}(k) = \frac{1}{2}[X(k) + X^{*}((N-k))_{N}] R_{N}(k)$
11. $\mathrm{jIm}[x(n)]$	$X_{op}(k) = \frac{1}{2}[X(k) - X^{*}((N-k))_{N}] R_{N}(k)$
12. $x_{ep}(n) = \frac{1}{2}[x(n) + x^{*}((N-n))_{N}] R_{N}(n)$	$\mathrm{Re}[X(k)]$

续表

序　列	离散傅里叶变换（DFT）
13. $x_{op}(n) = \dfrac{1}{2}[x(n) - x^*((N-n))_N]R_N(n)$	$j\mathrm{Im}[X(k)]$
14. $x(n)$ 为任意实序列	$X(k) = X^*((N-k))_N R_N(k)$ $\mathrm{Re}[X(k)] = \mathrm{Re}[X((N-k))_N]R_N(k)$ $\mathrm{Im}[X(k)] = -\mathrm{Im}[X((N-k))_N]R_N(k)$ $\|X(k)\| = \|X((N-k))_N\|R_N(k)$ $\arg[X(k)] = -\arg[X((N-k))_N]R_N(k)$
15. $\displaystyle\sum_{n=0}^{N-1} x(n)y^*(n) = \dfrac{1}{N}\sum_{k=0}^{N-1} X(k)Y^*(k)$	
16. $\displaystyle\sum_{n=0}^{N-1} \|x(n)\|^2 = \dfrac{1}{N}\sum_{k=0}^{N-1} \|X(k)\|^2$	

3.2.3　离散傅里叶变换与序列频谱、序列 Z 变换的关系

点数为 N 的有限长序列 $x(n)$ 的 Z 变换为 $X(z)$，而其离散傅里叶变换为 $X(k)$，两者均表示了同一有限长序列 $x(n)$ 的变换，它们之间的关系是：对 Z 变换在单位圆上取样可得 DFT，而 DFT 的内插就是 Z 变换。

由前面的讨论可知，有限长序列 Z 变换的收敛域是整个 Z 平面，自然也包括 Z 平面的单位圆。如果在单位圆上等间隔取 N 点，如图 3.2.4 所示，则在此 N 个 z_k 点处的 Z 变换值为：

$$X(z_k) = \sum_{n=0}^{N-1} x(n)z^{-n}\bigg|_{z=z_k=e^{j\left(\frac{2\pi}{N}\right)k}} = \sum_{n=0}^{N-1} x(n)W_N^{nk} = \mathrm{DFT}[x(n)] = X(k) \quad (3.2.42)$$

$z_k = W_N^{-k} = e^{j\left(\frac{2\pi}{N}\right)k}$ 是 z 平面单位圆上幅角为 $\omega = \dfrac{2\pi}{N}k$ 的点，即 Z 平面上单位圆 N 等分后的第 k 点。所以 $x(n)$ 的 DFT 的 N 个系数 $X(k)$ 也即 $x(n)$ 的 Z 变换 $X(z)$ 在单位圆上等距离的取样值，如图 3.2.4 所示。Z 变换在单位圆上的值就是 $X(e^{j\omega})$，所以也可以说，$X(k)$ 是序列傅里叶变换 $X(e^{j\omega})$ 在相应点 $\omega = \dfrac{2\pi}{N}k = k\omega_N$ 上的取样值，其取样间隔为 $\omega_N = \dfrac{2\pi}{N}$，即：

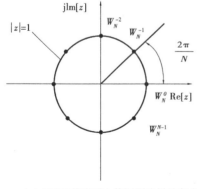

（a）Z 平面单位圆上等间隔取样的各点

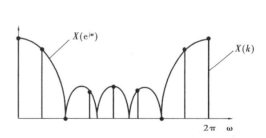

（b）$X(k)$是序列傅里叶变换$X(e^{j\omega})$的取样值

图 3.2.4

$$\begin{cases} X(k) \ = \ X(\mathrm{e}^{jk\omega_N}) \\ \omega_N \ = \ \dfrac{2\pi}{N} \end{cases}$$

3.2.4　四种形式的傅里叶变换

前面我们讨论了连续时间周期信号的傅里叶级数、离散傅里叶级数、离散傅里叶变换。傅里叶变换的本质是建立了以时间为自变量的"信号"与以频率为自变量的"频谱函数"之间的变换关系。这里,"时间"和"频率"变量可以取连续值和离散值,因而就形成了各种不同形式的傅里叶变换对。

(1)时间连续、频率连续的傅里叶变换

这就是"信号与系统"课程中讲到的非周期、连续时间信号 $x(t)$ 的傅里叶变换(FT),这一变换对为:

$$X(j\Omega) \ = \ \int_{-\infty}^{\infty} x(t)\mathrm{e}^{-j\Omega t}\mathrm{d}t \tag{3.2.43}$$

$$x(t) \ = \ \frac{1}{2\pi}\int_{-\infty}^{\infty} X(j\Omega)\mathrm{e}^{j\Omega t}\mathrm{d}t \tag{3.2.44}$$

这一变换对的示意图如图 3.2.5 所示,可见非周期、连续时间信号 $x(t)$ 的傅里叶变换所得到的是连续的非周期的频谱函数 $X(j\Omega)$。

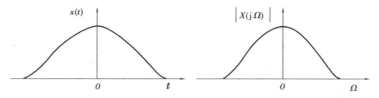

图 3.2.5　非周期连续时间信号及其连续的非周期的频谱密度

(2)时间连续、频率离散的傅里叶变换——傅里叶级数

这就是第一节讨论的周期连续时间信号的傅里叶变换(傅里叶级数 FS)。设 $x(t)$ 代表一个周期为 T_0 的周期性连续时间函数,$x(t)$ 可展成傅里叶级数,其傅里叶级数的系数为 $X(jk\Omega_0)$,$X(jk\Omega_0)$ 即为 $x(t)$ 的频谱。$x(t)$ 和 $X(jk\Omega_0)$ 组成傅里叶变换对,表示为:

$$X(jk\Omega_0) \ = \ \frac{1}{T_0}\int_{-\frac{T_0}{2}}^{\frac{T_0}{2}} x(t)\mathrm{e}^{-jk\Omega_0 t}\mathrm{d}t \tag{3.2.45}$$

$$x(t) \ = \ \sum_{k=-\infty}^{\infty} X(jk\Omega_0)\mathrm{e}^{jk\Omega_0 t} \tag{3.2.46}$$

对式(3.2.46)两边进行傅里叶变换,得:

$$\int_{-\infty}^{\infty} x(t)\mathrm{e}^{-j\Omega t}\mathrm{d}t \ = \ \int_{-\infty}^{\infty}\Big[\sum_{k=-\infty}^{\infty} X(jk\Omega_0)\mathrm{e}^{jk\Omega_0 t}\Big]\mathrm{e}^{-j\Omega t}\mathrm{d}t$$

即:

$$X(j\Omega) \ = \ \sum_{k=-\infty}^{\infty} 2\pi X(jk\Omega_0)\delta(\Omega - k\Omega_0) \tag{3.2.47}$$

式(3.2.47)说明周期连续时间信号的傅里叶变换及其频谱函数 $X(j\Omega)$ 是由一系列等间隔(间隔为基波角频率 $\Omega_0 = 2\pi F = \dfrac{2\pi}{T_0}$)的冲激函数构成,各个冲击函数的强度等于 $x(t)$ 的傅

里叶级数系数乘以 2π。这一变换对的示意图如图 3.1.1 所示,可见连续时间周期信号 $x(t)$ 的傅里叶变换所得到的是非周期性的离散的频谱函数 $X(jk\Omega_0)$。

(3)时间离散、频率连续的傅里叶变换——序列的傅里叶变换

这就是非周期离散时间信号(序列)的傅里叶变换(DTFT),这一变换对为:

$$X(e^{j\omega}) = \sum_{n=-\infty}^{\infty} x(n)e^{-j\omega n} \tag{3.2.48}$$

$$x(n) = \frac{1}{2\pi}\int_{-\pi}^{\pi} X(e^{j\omega})e^{j\omega n}d\omega \tag{3.2.49}$$

这里的 ω 是数字频率,它和模拟角频率 Ω 的关系为 $\omega = \Omega T$。

如果把序列 $x(n)$ 看成模拟信号 $x_a(t)$ 的抽样,设抽样时间间隔为 T,抽样频率为 $f_s = 1/T$,$\Omega_s = 2\pi/T$,则这一变换对又可写成(代入 $x(n) = x_a(nT)$,$\omega = \Omega T$):

$$X_a(e^{j\Omega T}) = \sum_{n=-\infty}^{\infty} x_a(nT)e^{-jn\Omega T} \tag{3.2.50}$$

$$x_a(nT) = \frac{1}{\Omega_s}\int_{-\frac{\Omega_s}{2}}^{\frac{\Omega_s}{2}} X_a(e^{j\Omega T})e^{jn\Omega T}d\omega \tag{3.2.51}$$

这一变换对的示意图如图 3.2.6 所示,可见非周期离散时间信号 $x(n)$ 的傅里叶变换所得到的是周期性的连续频谱函数 $X(e^{j\omega})$。

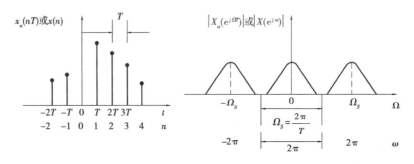

图 3.2.6 非周期离散时间信号及其周期性的连续频谱

(4)时间离散、频率离散的傅里叶变换——离散傅里叶变换

这就是前面介绍的周期序列或有限长序列的傅里叶变换(DFS 或 DFT),有限长序列可以看作是周期序列的一个周期,隐含有周期性。这一变换对为:

$$X(k) = \sum_{n=0}^{N-1} x(n)e^{-j\frac{2\pi}{N}nk} \qquad 0 \leqslant k \leqslant N-1 \tag{3.2.52}$$

$$x(n) = \frac{1}{N}\sum_{k=0}^{N-1} X(k)e^{j\frac{2\pi}{N}nk} \qquad 0 \leqslant n \leqslant N-1 \tag{3.2.53}$$

离散傅里叶变换可以看作是对图 3.2.6 所示的频域函数进行等间隔(Ω_0)抽样,这叫作频域抽样。如果频域抽样的间隔足够小,也即频域抽样的频率足够高,那么频域抽样的结果将引起时域信号的周期延拓,而且不会出现混叠现象。经过这样处理之后,时域信号和频域信号均成为周期的离散信号。这一变换对的示意图如图 3.2.7 所示,可见周期离散时间信号 $x(n)$ 的傅里叶变换所得到的是周期的离散频谱函数 $X(k)$。

综上所述,4 种形式的傅里叶变换时域、频域关系如表 3.2.3 所示。

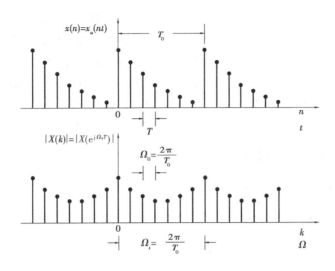

图 3.2.7　周期序列及其离散周期的频谱函数

表 3.2.3　4 种傅里叶变换形式的归纳

时间函数	频域函数
连续、非周期	非周期、连续
连续、周期($T_0 = 1/F$)	非周期、离散 （离散频率间隔为 $F = 1/T_0$，角频率间隔为 $\Omega_0 = 2\pi F = \dfrac{2\pi}{T_0}$）
离散、非周期 （离散时间间隔为 T）	周期、连续 （周期为 $f_s = 1/T$，$\Omega_s = 2\pi F_s = \dfrac{2\pi}{T}$）
离散、周期 （离散时间间隔为 T；周期为 $T_0 = 1/F$）	周期、离散 （周期为 $f_s = 1/T$，$\Omega_s = 2\pi F_s = \dfrac{2\pi}{T}$； 离散频率间隔为 $F = 1/T_0$，角频率间隔为 $\Omega_0 = 2\pi F = \dfrac{2\pi}{T_0}$）

3.3　离散傅里叶变换的快速算法——快速傅里叶变换(FFT)

快速傅里叶变换(FFT)并不是一种新的变换,而是为了减少离散傅里叶变换(DFT)计算次数的一种快速算法。因此,为了更好地理解和掌握快速傅里叶变换,必须首先对离散傅里叶变换有充分的理解和掌握。

离散傅里叶变换(DFT)在通信、雷达、遥感和信号处理等方面有着广泛的应用,但是,在相当长的时间里,由于 DFT 的计算量太大,即使采用计算机也很难对问题进行实时处理,所以并没有得到真正的运用。直到 1965 年库利(J. W. Cooley)和图基(J. W. Tukey)在《计算数学》(Mathematics of Computation)杂志上发表了著名的"机器计算傅里叶级数的一种算法"的文章,提出了 DFT 的一种快速算法,后来又有桑德(G. Sande)和图基的快速算法相继出现,情况才发生了根本改变。经过人们对算法的改进,发展和完善了一套高速有效的运算方法,使 DFT 的计算得到大大简化,运算时间一般缩短一、二个数量级,从而使 DFT 的运算在实际中真正得到了广泛的应用。

3.3.1 直接计算 DFT 的问题

设 $x(n)$ 为 N 点有限长序列,其 DFT 为:

$$X(k) = \sum_{n=0}^{N-1} x(n) W_N^{nk}, \qquad k = 0,1,\cdots,N-1 \qquad (3.3.1)$$

反变换(IDFT)为:

$$x(n) = \frac{1}{N} \sum_{k=0}^{N-1} X(k) W_N^{-nk}, \qquad n = 0,1,\cdots,N-1 \qquad (3.3.2)$$

二者的差别只在于 W_N 的指数符号不同,以及差一个常数乘因子 $1/N$,因而下面我们只讨论 DFT 正变换的运算量。

一般来说,$x(n)$ 和 W_N^{nk} 都是复数,$X(k)$ 也是复数,因此每计算一个 $X(k)$ 值,需要 N 次复数乘法($x(n)$ 与 W_N^{nk} 相乘)以及 $(N-1)$ 次复数加法。而 $X(k)$ 一共有 N 个点(k 从 0 取到 $N-1$),所以完成整个 DFT 运算总共需要 N^2 次复数乘法及 $N(N-1)$ 次复数加法。我们知道复数运算实际上是由实数运算来完成的,式(3.3.1)可写成:

$$X(k) = \sum_{n=0}^{N-1} x(n) W_N^{nk} = \sum_{n=0}^{N-1} \{\text{Re}[x(n)] + j\text{lm}[x(n)]\}\{\text{Re}[W_N^{nk}] + j\text{lm}[W_N^{nk}]\}$$

$$= \sum_{n=0}^{N-1} \{\text{Re}[x(n)]\text{Re}[W_N^{nk}] - \text{lm}[x(n)]\text{lm}[W_N^{nk}] +$$

$$j(\text{Re}[x(n)]\text{lm}[W_N^{nk}] + \text{lm}[x(n)]\text{Re}[W_N^{nk}])\} \qquad (3.3.3)$$

由此式可见,一次复数乘法需用四次实数乘法和二次实数加法;一次复数加法则需二次实数加法。因而每运算一个 $X(k)$ 需 $4N$ 次实数乘法及 $2N+2(N-1) = 2(2N-1)$ 次实数加法。所以整个 DFT 运算总共需要 $4N^2$ 次实数乘法和 $N\times2(2N-1) = 2N(2N-1)$ 次实数加法。

上述统计与实际需要的运算次数有些出入,例如,由于某些 W_N^{nk} 可能是 1 或 j,所以就不必进行乘法运算。但当 N 值很大时,这样的特殊情况所占比例很小,可以忽略不计。因而直接计算 DFT,乘法次数和加法次数都是和 N^2 成正比的,当 N 很大时,运算量是很可观的。例如,当 $N=8$ 时,DFT 需 64 次复乘,而当 $N=1024$ 时,DFT 所需复乘为 1048576 次,即一百多万次复乘运算。这对于实时性很强的信号处理来说,速度太慢了。因而需要改进 DFT 的计算方法,以大大减少运算次数,提高运算速度。

3.3.2 FFT 的算法依据

下面讨论减少运算工作量的途径。DFT 定义式中只有两种运算:$x(n)$ 与 W_N^{nk} 的复乘积和复相加,而 W_N^{nk} 的特性对复乘法运算量有直接影响。

①W_N^{nk} 的对称性

$$(W_N^{nk})^* = W_N^{-nk}$$

②W_N^{nk} 的周期性

$$W_N^{nk} = W_N^{(N+n)k} = W_N^{n(N+k)}$$

③W_N^{nk} 的可约性

$$W_N^{nk} = W_{mN}^{mnk}, \qquad W_N^{nk} = W_{N/m}^{nk/m}$$

由此可得出：

$$W_N^{n(N-k)} = W_N^{(N-n)k} = W_N^{-nk}, W_N^{N/2} = -1, W_N^{(k+N/2)} = -W_N^k$$

这样,利用这些特性,使 DFT 运算中有些项可以合并;或利用 W_N^{nk} 的对称性、周期性和可约性,可以将长序列的 DFT 分解为短序列的 DFT。而前面已经说到,DFT 的运算量是与 N^2 成正比的,因而小点数序列 DFT 比大点数序列的 DFT 的运算量要小,所以 N 越小越有利。

快速傅里叶变换算法正是基于这样的基本思路而发展起来的。它的算法基本上可以分为两大类,即按时间抽选(decimation-in-time,缩写为 DIT)法和按频率抽选(decimation-in-frequency,缩写为 DIF)法。

3.3.3　基-2 时域抽取 FFT 算法

(1)算法原理

在以下的讨论中,设序列点数为 $N = 2^L$,L 为正整数。如果不满足此条件,可在序列的末尾补上若干个零。这种 N 为 2 的整数次幂的 FFT 也称基-2FFT。

N 点序列 $x(n)$ 的 DFT 为：

$$X(k) = \text{DFT}[x(n)] = \sum_{n=0}^{N-1} x(n) W_N^{nk}, \qquad 0 \leqslant k \leqslant N-1 \tag{3.3.4}$$

我们把 $x(n)(n=0,1,\cdots,N-1)$ 按 n 的奇偶分成两个子序列,

$$\begin{cases} \text{偶数序列 } x(2r) = x_1(r) \\ \text{奇数序列 } x(2r+1) = x_2(r) \end{cases}, r = 0,1,\cdots,\frac{N}{2}-1$$

于是式(3.3.4)可改写为：

$$\begin{aligned} X(k) = \text{DFT}[x(n)] = \sum_{n=0}^{N-1} x(n) W_N^{nk} &= \sum_{\substack{n=0 \\ n\text{为偶数}}}^{N-1} x(n) W_N^{nk} + \sum_{\substack{n=0 \\ n\text{为奇数}}}^{N-1} x(n) W_N^{nk} \\ &= \sum_{r=0}^{\frac{N}{2}-1} x(2r) W_N^{2rk} + \sum_{r=0}^{\frac{N}{2}-1} x(2r+1) W_N^{(2r+1)k} \\ &= \sum_{r=0}^{\frac{N}{2}-1} x_1(r) (W_N^2)^{rk} + W_N^k \sum_{r=0}^{\frac{N}{2}-1} x_2(r) (W_N^2)^{rk} \end{aligned}$$

利用系数 W_N^{nk} 的可约性,即 $W_N^2 = \text{e}^{-\text{j}\frac{2\pi}{N}\cdot 2} = \text{e}^{\frac{-\text{j}2\pi}{N/2}} = W_{N/2}$,所以上式又可以写成：

$$X(k) = \sum_{r=0}^{\frac{N}{2}-1} x_1(r) W_{N/2}^{rk} + W_N^k \sum_{r=0}^{\frac{N}{2}-1} x_2(r) W_{N/2}^{rk} = X_1(k) + W_N^k X_2(k) \tag{3.3.5}$$

式中
$$X_1(k) = \sum_{r=0}^{\frac{N}{2}-1} x_1(r) W_{N/2}^{rk} = \sum_{r=0}^{\frac{N}{2}-1} x(2r) W_{N/2}^{rk} \quad (3.3.6)$$

$$X_2(k) = \sum_{r=0}^{\frac{N}{2}-1} x_2(r) W_{N/2}^{rk} = \sum_{r=0}^{\frac{N}{2}-1} x(2r+1) W_{N/2}^{rk} \quad (3.3.7)$$

式(3.3.6)说明 $X_1(k)$ 是 $x(n)$ 的偶数点序列的 DFT,点数为 $\frac{N}{2}$ 点;式(3.3.7)说明 $X_2(k)$ 是 $x(n)$ 的奇数点序列的 DFT,点数也为 $\frac{N}{2}$ 点。式(3.3.5)说明一个 N 点 DFT 可以分解为两个 $\frac{N}{2}$ 点 DFT。但是,在式(3.3.6)和式(3.3.7)中,$x_1(r)$ 和 $x_2(r)$ 均为 $\frac{N}{2}$ 点序列,它们的 DFT 即 $X_1(k)$ 和 $X_2(k)$ 也为 $\frac{N}{2}$ 点序列,即 $k=0,1,2,\cdots,N/2-1$。而 $X(k)$ 为 N 点序列,即 $k=0,1,2,\cdots,N$,所以按式(3.3.5)计算 $X(k)$,只能得到 $X(k)$ 的前一半序列值,要想得到 $X(k)$ 后一半的序列值,还要考虑 W_N 的周期性和对称性。

由于
$$W_{N/2}^{rk} = W_{N/2}^{r(k+N/2)}$$
所以有:
$$X_1\left(\frac{N}{2}+k\right) = \sum_{r=0}^{\frac{N}{2}-1} x_1(r) W_{N/2}^{r(\frac{N}{2}+k)} = \sum_{r=0}^{\frac{N}{2}-1} x(2r) W_{N/2}^{rk} = X_1(k) \quad (3.3.8)$$
同理可以得到:
$$X_2\left(\frac{N}{2}+k\right) = X_2(k) \quad (3.3.9)$$

式(3.3.8)和式(3.3.9)说明了后半部分 k 值($N/2 \leqslant k \leqslant N-1$)所对应的 $X_1(k)$ 和 $X_2(k)$ 分别对应前半部分 k 值($0 \leqslant k \leqslant N/2-1$)所对应的 $X_1(k)$ 和 $X_2(k)$。

另外考虑到 W_N^k 的以下性质:
$$W_N^{(\frac{N}{2}+k)} = W_N^{N/2} W_N^k = -W_N^k \quad (3.3.10)$$
同时考虑式(3.3.8)、式(3.3.9)、式(3.3.10)的关系,就可得到 $X(k)$ 的全部序列值。

$$X(k) = X_1(k) + W_N^k X_2(k), k=0,1,\cdots,\frac{N}{2}-1 \quad (3.3.11)$$

$$X\left(k+\frac{N}{2}\right) = X_1(k) - W_N^k X_2(k), k=0,1,\cdots,\frac{N}{2}-1 \quad (3.3.12)$$

式(3.3.11)是 $X(k)$ 的前 $\frac{N}{2}$ 点,式(3.3.12)是 $X(k)$ 的后 $\frac{N}{2}$ 点,这样只要求出 0 到 $(N/2-1)$ 区间的所有 $X_1(k)$ 和 $X_2(k)$ 值,即可求得 0 到 $(N-1)$ 区间内的所有 $X(k)$ 值。

式(3.3.11)和式(3.3.12)所示的运算过程,可以用图 3.3.1(a)的信号流图表示,由于这个图形呈蝶形,故称蝶形信号流图,它是 FFT 运算中的一个基本单元。左边的两个节点叫输入节点,右边的两个节点叫输出节点,支路上的箭头表示信号流的方向,支路旁的数字表示该支路的传输系数,未标数字的传输系数为1,节点上标有该节点的变量。通常人们将它简化成图 3.3.1(b)的形式。可以看出,完成一个蝶形运算需要一次复数乘法(即 $W_N^k X_2(k)$)和两次复数加法(即 $X_1(k) + W_N^k X_2(k)$ 与 $X_1(k) - W_N^k X_2(k)$)。

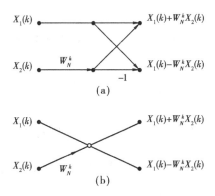

图 3.3.1　时间抽选法蝶形运算流图符号

据此,一个 N 点 DFT 分解为 $N/2$ 点 DFT 后,如果直接计算 $N/2$ 点 DFT,则每一个 $N/2$ 点 DFT 只需要 $\left(\dfrac{N}{2}\right)^2 = \dfrac{N^2}{4}$ 次复数乘法和 $\dfrac{N}{2}\left(\dfrac{N}{2}-1\right)$ 次复数加法。两个 $N/2$ 点 DFT 共需 $2 \times \left(\dfrac{N}{2}\right)^2 = \dfrac{N^2}{2}$ 次复数乘法和 $N\left(\dfrac{N}{2}-1\right)$ 次复数加法。此外,把两个 $N/2$ 点 DFT 合成为 N 点 DFT 时,有 $N/2$ 个蝶形运算,还需要 $N/2$ 复数乘法及 $2 \times N/2 = N$ 次加法运算。因而总共需要 $\dfrac{N^2}{2} + \dfrac{N}{2} = \dfrac{N(N+1)}{2} \approx \dfrac{N^2}{2}$ 次复数乘法和 $N\left(\dfrac{N}{2}-1\right) + N = \dfrac{N^2}{2}$ 次复数加法,因此通过这样分解后运算工作量差不多节省了一半。

设 $N = 2^3 = 8$,根据式(3.3.11)和式(3.3.12)可知,8 点 DFT 可以分解为两个 $\dfrac{N}{2} = 4$ 点 DFT,$X(k)$ 的前 $\dfrac{N}{2}$ 点值 $X(0)$ 至 $X(3)$ 由式(3.3.11)计算,$X(k)$ 的后 $\dfrac{N}{2}$ 点值 $X(4)$ 至 $X(7)$ 由式(3.3.12)计算,其计算过程可用图 3.3.2 表示。

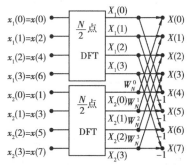

图 3.3.2　按时间抽取,将 N 点 DFT 分解为两个 $N/2$ 点 DFT

既然这样的分解是有效的,由于 $N = 2^L$,因而 $N/2$ 仍是偶数,可以进一步把每个 $N/2$ 点子序列再按其奇偶部分分解为两个 $N/4$ 点的子序列。

$$\begin{cases} \text{偶数序列} \quad x_1(2l) = x_3(l) \\ \text{奇数序列} \quad x_1(2l+1) = x_4(l) \end{cases}, l = 0,1,\cdots,\dfrac{N}{4}-1$$

71

$$X_1(k) = \sum_{l=0}^{\frac{N}{4}-1} x_1(2l) W_{N/2}^{2lk} + \sum_{l=0}^{\frac{N}{4}-1} x_1(2l+1) W_{N/2}^{(2l+1)k}$$

$$= \sum_{l=0}^{\frac{N}{4}-1} x_3(l) W_{N/4}^{lk} + W_{N/2}^{k} \sum_{l=0}^{\frac{N}{4}-1} x_4(l) W_{N/4}^{lk}$$

$$= X_3(k) + W_{N/2}^{k} X_4(k), k = 0,1,\cdots,\frac{N}{4}-1 \tag{3.3.13}$$

且

$$X_1\left(\frac{N}{4}+k\right) = X_3(k) - W_{N/2}^{k} X_4(k), k = 0,1,\cdots,\frac{N}{4}-1 \tag{3.3.14}$$

其中

$$X_3(k) = \sum_{l=0}^{\frac{N}{4}-1} x_3(l) W_{N/4}^{lk} \tag{3.3.15}$$

$$X_4(k) = \sum_{l=0}^{\frac{N}{4}-1} x_4(l) W_{N/4}^{lk} \tag{3.3.16}$$

图 3.3.3 给出 $N=8$ 时,将一个 $N/2$ 点 DFT 分解为两个 $N/4$ 点 DFT,由这两个 $N/4$ 点 DFT 组合成一个 $N/2$ 点 DFT 的流图。

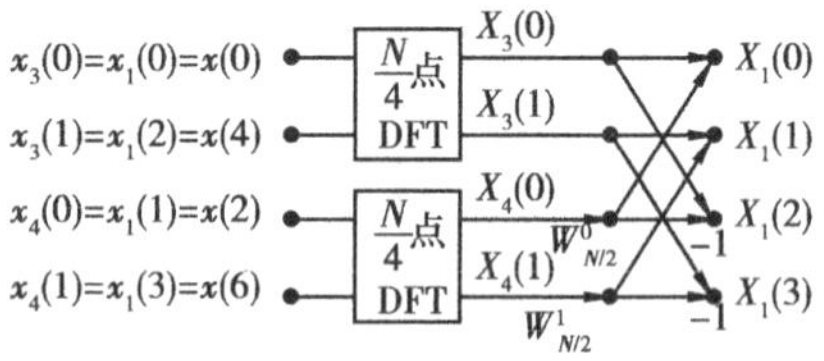

图 3.3.3 由两个 $N/4$ 点 DFT 组合成一个 $N/2$ 点 DFT($N=8$)

$X_2(k)$ 也可进行同样的分解:

$$\left.\begin{array}{l} X_2(k) = X_5(k) + W_{N/2}^{k} X_6(k) \\[2mm] X_2\left(\dfrac{N}{4}+k\right) = X_5(k) - W_{N/2}^{k} X_6(k) \end{array}\right\}$$

$$k = 0,1,\cdots,\frac{N}{4}-1 \tag{3.3.17}$$

其中

$$X_5(k) = \sum_{l=0}^{\frac{N}{4}-1} x_2(2l) W_{N/4}^{lk} = \sum_{l=0}^{\frac{N}{4}-1} x_5(l) W_{N/4}^{lk} \tag{3.3.18}$$

$$X_6(k) = \sum_{l=0}^{\frac{N}{4}-1} x_2(2l+1) W_{N/4}^{lk} = \sum_{l=0}^{\frac{N}{4}-1} x_6(l) W_{N/4}^{lk} \tag{3.3.19}$$

将系数统一为 $W_{N/2}^{k} = W_N^{2k}$,则一个 $N=8$ 点 DFT 分解为四个 $N/4=2$ 点 DFT,这样可得图 3.3.4 所示的流图。

根据上面同样的分析知道,利用四个 $N/4=2$ 点 DFT 及两级蝶形组合运算来计算 N 点 DFT,比只用一次分解蝶形组合方式的计算量减少了大约一半。

(2)按时域抽取的 FFT 算法与直接计算 DFT 算法运算量的比较

由按时间抽取法 FFT 的流程可见,FFT 算法是将 N 点 DFT 先分成两个 $N/2$ 点 DFT,再分为四个 $N/4$ 点 DFT,进而分为八个 $N/8$ 点 DFT,直至 $N/2$ 个两点 DFT。每分一次,称为一"级"运算,如图 3.3.5 所示。其中 $X_i(k)(i=0,1,2,3;k=0,1,\cdots,7)$ 表示第 i 列第 k 个变量。当

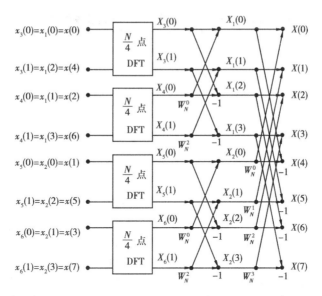

图 3.3.4　按时间抽取,将 N 点 DFT 分解为四个 $N/4$ 点 DFT($N=8$)

$N=2^{L}$ 时,共有 $m=L(m=0,1,\cdots,L-1)$ 级蝶形,每级都有 $N/2$ 个蝶形运算组成,每个蝶形有一次复乘、二次复加,因而每级运算都需 $N/2$ 次复乘和 N 次复加,这样 L 级运算总共需要的运算次数为:

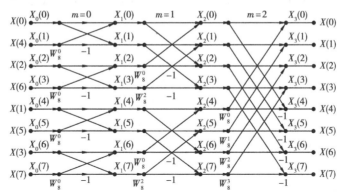

图 3.3.5　$N=8$ 按时间抽取的 FFT 算法流图

复乘次数
$$m_{F}=\frac{N}{2}L=\frac{N}{2}\log_{2}N \qquad (3.3.20)$$

复加次数
$$a_{F}=NL=N\log_{2}N \qquad (3.3.21)$$

由于计算机运算一次乘法要比运算一次加法所用的时间长,所以我们在比较 FFT 算法与直接计算 DFT 二者的计算工作量时,一般仅仅考虑乘法运算。直接计算 DFT 与 FFT 计算量之比为:

$$\frac{N^{2}}{\dfrac{N}{2}L}=\frac{N^{2}}{\dfrac{N}{2}\log_{2}N}=\frac{2N}{\log_{2}N} \qquad (3.3.22)$$

N 越大越能显示出 FFT 算法的优越性。在表 3.3.1 中列出了不同 N 值的直接 DFT 算法与 FFT 算法运算量的比较。

表 3.3.1 FFT 算法与直接 DFT 算法运算量的比较

N	N^2	$\dfrac{N}{2}\log_2 N$	$N^2 / \left(\dfrac{N}{2}\log_2 N\right)$
2	4	1	4.0
4	16	4	4.0
8	64	12	5.4
16	256	32	8.0
32	1024	80	12.8
64	4096	192	21.4
128	16384	448	36.6
256	65536	1024	64.0
512	262144	2304	113.8
1024	1048576	5120	204.8
2048	4194304	11264	372.4

（3）按时域抽取的 FFT 算法的特点

1）同址运算

从图 3.3.5 可以看到,按时间抽取的 FFT 算法每一级计算都由 $N/2$ 个蝶形运算构成,在第 m 级有:

$$X_{m+1}(k) = X_m(k) + W_N^r X_m(j) \tag{3.3.23}$$

$$X_{m+1}(j) = X_m(k) - W_N^r X_m(j) \tag{3.3.24}$$

式中 m 表示第 m 列(级)运算,k,j 表示参与本蝶形单元运算的上、下节点的序号。可以看出,第 m 列的任何 k,j 只参与这一蝶形单元运算,得到结果为 $m+1$ 列的 k,j 两个节点变量,且这一蝶形单元也不再涉及别的点。由于这一特点,在计算机编程时,我们可将蝶形单元的输出仍放在输入数组中,也就是蝶形的两个输出值仍放回蝶形的两个输入所在的存储器中,每列的 $N/2$ 个蝶形运算全部完成后,再开始下一列的蝶形运算。这一特点称为"同址运算"。这种同址运算结构可以节省存储单元,降低硬件成本。

2）W^r 因子的分布

考察式(3.3.11)和式(3.3.12)可以发现,第一次将 N 点 DFT 分成两个 $N/2$ 点 DFT 时,相当于图 3.3.5 的最后一级,这时出现的 W^r 因子是 W_N^r,$r = 0,1,\cdots,N/2-1$,再往下分时,依次是 $W_{N/2}^r$,$W_{N/4}^r$,$\cdots$,故每一级 W^r 因子分布规律是:

$$m = 0 \text{ 级},W_2^r,r = 0$$

$$m = 1 \text{ 级},W_4^r,r = 0,1$$

$$m = 2 \text{ 级},W_8^r,r = 0,1,2,3$$

$$\vdots$$

$$m = L - 1 \text{ 级},W_N^r,r = 0,1,\cdots,N/2-1$$

因此 W^r 因子分布的一般规律是:

第 m 级,$W_{2^{m+1}}^r$,$r = 0,1,\cdots,2^m-1$ 也可表示为 $W_N^{2^{L-m-1}r}$,$r = 0,1,\cdots,2^m-1$

3）蝶形运算两结点间的距离

由图 3.3.5 可知,第 0 级的每个蝶形运算两结点间的距离为 1,第 1 级的每个蝶形运算两结点间的距离为 2,第 2 级的每个蝶形运算两结点间的距离为 4,以此类推,第 m 级的每个蝶形运算两结点间的距离为 2^m。

4)倒位序规律

从图 3.3.5 可以看到,按同址运算时,FFT 的输出 $X(k)$ 是按正常顺序排列在存储单元中,但这时的输入 $x(n)$ 不再是原来的自然顺序,而是按 $x(0)$,$x(4)$,$x(2)$,$x(6)$,$x(1)$,$x(5)$,$x(3)$,$x(7)$ 的顺序排列在存储单元中,这种顺序看起来相当杂乱,然而它也是有规律的,我们称之为倒位序。表 3.3.2 列出了 $N=8$ 时的自然顺序二进制数以及相应的倒位序二进制数。造成倒位序的原因是 $x(n)$ 按奇数点和偶数点不断分组产生的,如图 3.3.6 所示。如果把 n 用二进制数 $(n_2 n_1 n_0)$ 表示,第一次分组时,偶数点子序列序号的 $n_0 = 0$,奇数点子序列序号的 $n_0 = 1$;第二次分组时,偶数点子序列序号的 $n_1 = 0$,奇数点子序列序号的 $n_1 = 1$。这种不断分成偶数子序列和奇数子序列的过程可用图 3.3.7 的二进制树状图来描述。

表 3.3.2　码位的倒位序($N=8$)

自然顺序(n)	二进制数	倒位序二进制数	倒位序顺序(n)
0	000	000	0
1	001	100	4
2	010	010	2
3	011	110	6
4	100	001	1
5	101	101	5
6	110	011	3
7	111	111	7

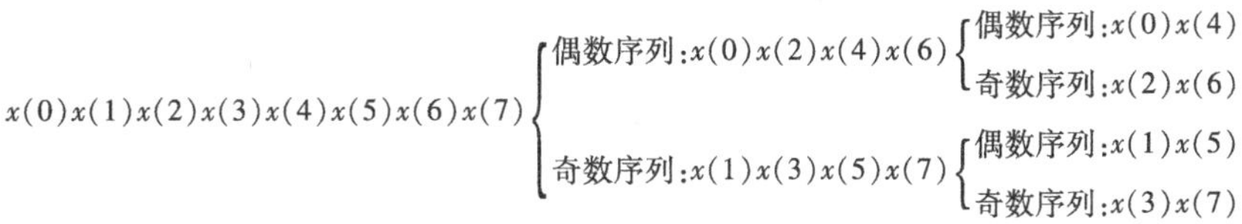

$$x(0)x(1)x(2)x(3)x(4)x(5)x(6)x(7)\begin{cases}\text{偶数序列}:x(0)x(2)x(4)x(6)\begin{cases}\text{偶数序列}:x(0)x(4)\\\text{奇数序列}:x(2)x(6)\end{cases}\\\text{奇数序列}:x(1)x(3)x(5)x(7)\begin{cases}\text{偶数序列}:x(1)x(5)\\\text{奇数序列}:x(3)x(7)\end{cases}\end{cases}$$

图 3.3.6　序列 $x(n)$ 按奇数点与偶数点的分解过程

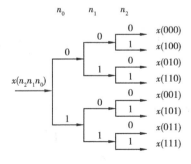

图 3.3.7　描述倒位序的树状图

在实际运算中,直接将输入数据按原位运算要求的倒位序输入计算机是很不方便的,但可按自然顺序将数据输入计算机内,通过变址运算,将自然顺序变成原位运算所要求的倒位序。

如果输入序列的序号 n 用二进制数 $(n_2\, n_1\, n_0)$ 表示,则其倒位序 $\hat{n}$ 的二进制数就是 $(n_0 n_1 n_2)$,将按自然顺序存放在存储单元中的数据换成倒位序的变址运算过程如图 3.3.8 所示。

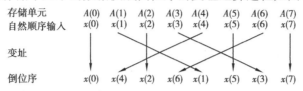

图 3.3.8　倒位序的变址处理

3.3.4　基-2 频域抽取 FFT 算法

和按时域抽选(DIT)的 FFT 算法相对应,按频域抽选(DIF)的 FFT 算法也是把输出序列 $X(k)$(也是 N 点序列)按其顺序的奇偶分解为越来越短的序列。

仍设序列点数为 $N=2^L$,L 为整数。在把输出 $X(k)$ 按 k 的奇偶分组之前,先把输入按 n 的顺序分成前后两半:

$$X(k) = \sum_{n=0}^{N-1} x(n) W_N^{nk} = \sum_{n=0}^{\frac{N}{2}-1} x(n) W_N^{nk} + \sum_{n=\frac{N}{2}}^{N-1} x(n) W_N^{nk} = \sum_{n=0}^{\frac{N}{2}-1} x(n) W_N^{nk} + \sum_{n=0}^{\frac{N}{2}-1} x\left(n+\frac{N}{2}\right) W_N^{\left(n+\frac{N}{2}\right)k}$$

$$= \sum_{n=0}^{\frac{N}{2}-1} \left[x(n) + W_N^{Nk/2}\left(n+\frac{N}{2}\right) \right] W_N^{nk},\ k = 0,1,\cdots,N-1$$

由于 $W_N^{N/2} = -1$,故 $W_N^{Nk/2} = (-1)^k$,可得:

$$X(k) = \sum_{n=0}^{\frac{N}{2}-1} \left[x(n) + (-1)^k x\left(n+\frac{N}{2}\right) \right] W_N^{nk}, \qquad k = 0,1,\cdots,N-1 \qquad (3.3.25)$$

分别令:
$$\left.\begin{array}{l} k = 2r \\ k = 2r+1 \end{array}\right\},r = 0,1,\cdots,\frac{N}{2}-1$$

则:
$$X(2r) = \sum_{n=0}^{\frac{N}{2}-1} \left[x(n) + x\left(n+\frac{N}{2}\right) \right] W_N^{2nr} = \sum_{n=0}^{\frac{N}{2}-1} \left[x(n) + x\left(n+\frac{N}{2}\right) \right] W_{N/2}^{nr} \quad (3.3.26)$$

$$X(2r+1) = \sum_{n=0}^{\frac{N}{2}-1} \left[x(n) - x\left(n+\frac{N}{2}\right) \right] W_N^{n(2r+1)}$$

$$= \left\{ \sum_{n=0}^{\frac{N}{2}-1} \left[x(n) - x\left(n+\frac{N}{2}\right) \right] W_N^{n} \right\} W_{N/2}^{nr} \qquad (3.3.27)$$

分别令:

$$\left.\begin{array}{l} x_1(n) = x(n) + x\left(n+\frac{N}{2}\right) \\ x_2(n) = \left[x(n) - x\left(n+\frac{N}{2}\right) \right] W_N^{n} \end{array}\right\},n = 0,1,\cdots,\frac{N}{2}-1 \qquad (3.3.28)$$

$$X(2r) = \sum_{n=0}^{\frac{N}{2}-1} x_1(n) W_{N/2}^{nr} \left.\begin{array}{l}\\[4mm]\\[4mm]\end{array}\right\}, r = 0,1,\cdots,\frac{N}{2}-1 \qquad (3.3.29)$$

则：

$$X(2r+1) = \sum_{n=0}^{\frac{N}{2}-1} x_2(n) W_{N/2}^{nr}$$

这样就将一个 N 点的 DFT 分成了两个 $N/2$ 点的 DFT,分的方法是将 $X(k)$ 按序号 k 的奇偶分为 $X(2r)$ 和 $X(2r+1)$,$X(2r)$ 为前一半输入与后一半输入之和的 $N/2$ 点 DFT,$X(2r+1)$ 为前一半输入与后一半输入之差再与 W_N^n 之积的 $N/2$ 点 DFT。式(3.3.28)所表示的运算关系可以用图 3.3.9 所示的蝶形运算来表示。这样 $N=8$ 点的 DFT 分成两个 $N/2$ 点 DFT 的过程可以用图 3.3.10 表示。

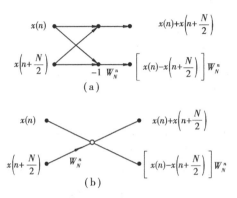

图 3.3.9　按频域抽选的蝶形运算流图

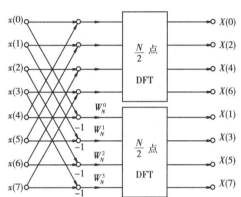

图 3.3.10　按频域抽选,将 N 点 DFT 分解为 2 个 $N/2$ 点的 DFT($N=8$)

　　与按时间抽取的 FFT 算法相似,由于 $N=2^L$,$N/2$ 仍是偶数,已经分解的两个 $N/2$ 点的 DFT 还可以进一步在频域内按奇、偶分组的方法,将两个 $N/2$ 点的 DFT 又分解为四个 $N/4$ 点的 DFT。$N=8$ 时的分解过程如图 3.3.11 所示。按照这样的方法继续分下去,直到分解 $L-1$ 次以后,变成两点的 DFT 为止,最后得出的 $N/2$ 个两点 DFT 的结果就是输入序列 $x(n)$ 的 DFT 即 $X(k)$。两点 DFT 实际上只有加减运算,但是为了统一运算结构,仍然用一个系数为 W_N^0 的蝶形运算来表示。按频率抽取法 $N=8$ 点的完整的 FFT 信号流图如图 3.3.12 所示。

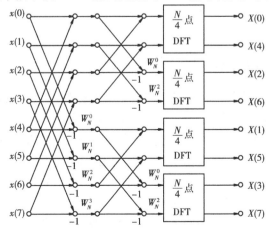

图 3.3.11　按频域抽选,将 N 点 DFT 分解为 4 个 $N/4$ 点的 DFT($N=8$)

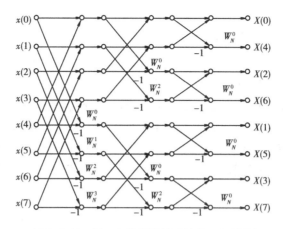

图 3.3.12　$N=8$ 的频域抽选法的 FFT 流图

这种分组办法由于每次都是按输出 $X(k)$ 在频域的顺序上是属于偶数还是奇数来分组的，所以称为频域抽取法。它与图 3.3.5 所示的时间抽取法相比，有一些相同点和不同点。相同点在于都是原位运算，并且运算量相等。不同点在于蝶形的组成，在时间抽取法中，W^r 因子在蝶形的输入端，而频域抽取法里在蝶形的输出端，且 W^r 因子的分布正好相反。当 $N=2^L$ 时，时间抽取法中第 0 级的 W^r 因子与频域抽取法里第 $L-1$ 级的 W^r 因子相同，时间抽取法中第 1 级的 W^r 因子与频域抽取法里第 $L-2$ 级的 W^r 因子相同，以此类推，时间抽取法中第 m 级的 W^r 因子与频域抽取法里第 $L-m-1$ 级的 W^r 因子相同。蝶形运算两结点的距离在时间抽取法中是 2^m （$m=0,1,\cdots,L-1$ 表示第 m 级蝶形运算），而在频域抽取法里蝶形运算两结点的距离是 2^{L-m-1} （$m=0,1,\cdots,L-1$），另外还有一点不同就是在频域抽取法里的输入正好是自然顺序，而输出是码位倒置的顺序，因此，频域抽取法中的变址运算要在所有蝶形运算完毕后进行。

3.3.5　IDFT 及实序列 DFT 的快速计算

（1）IDFT 的快速计算——IFFT

上面的 FFT 算法同样可以适用于离散傅里叶反变换 IDFT 运算，我们称之为快速傅里叶反变换（IFFT）。离散傅里叶变换的公式为：

$$X(k)=\text{DFT}[x(n)]=\sum_{n=0}^{N-1}x(n)W_N^{nk},k=0,1,\cdots,N-1 \qquad (3.3.30)$$

反变换（IDFT）为：

$$x(n)=\text{IDFT}[X(k)]=\frac{1}{N}\sum_{k=0}^{N-1}X(k)W_N^{-nk},n=0,1,\cdots,N-1 \qquad (3.3.31)$$

比较这两个公式，可以看出它们之间存在着非常对称的形式。只要用 W_N^{-1} 代替 W_N^1 并将结果再乘以 $1/N$，我们完全可以利用前面讲过的按时域抽取的算法和按频域抽取的算法来计算离散傅里叶反变换（IDFT）。计算 DFT 时输入序列为 $x(n)$，输出序列为 $X(k)$；而计算 IDFT 时，输入序列为 $X(k)$，输出序列为 $x(n)$。当我们利用按时域抽取法的 DFT 算法来计算 IDFT 时，由于原来是将时域序列 $x(n)$ 按奇、偶分组，而现在则是将 $X(k)$ 按奇、偶分组，因此称作按频域抽取的 IFFT。反之，利用按频域抽取的 FFT 算法来计算 IDFT，则变成了按时域抽取的 IF-FT 算法。另外，在 IFFT 的运算中，经常将常数 $1/N$ 分解为 $(1/2)^L$，并且在每级运算中分别乘一个 $1/2$ 因子，这样就得到图 3.3.13 所示得按频域抽取的 IFFT 流图。

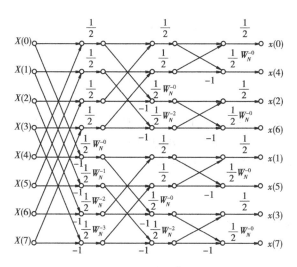

图 3.3.13　$N=8$ 的按频域抽取的 IFFT 流图

这种 IFFT 算法虽然很方便,但总要稍微改动 FFT 的程序和参数才能实现。由于 DFT 与 IDFT 公式结构的对称性,我们完全可以借用 FFT 的计算机程序来计算 IFFT。

由于

$$x(n) = \frac{1}{N} \sum_{k=0}^{N-1} X(k) W_N^{-nk}$$

对上式取共轭:

$$x^*(n) = \frac{1}{N} \sum_{k=0}^{N-1} X^*(k) W_N^{nk}$$

于是

$$x(n) = \frac{1}{N} \left\{ \sum_{k=0}^{N-1} X^*(k) W_N^{nk} \right\}^* = \frac{1}{N} \{ \mathrm{DFT}[X^*(k)] \}^* \qquad (3.3.32)$$

由此可知,有 $X(k)$ 计算 $x(n)$ 的 IFFT 算法步骤如下:

①求 $X(k)$ 的共轭 $X^*(k)$;

②求 $X^*(k)$ 的 FFT,得到 $N x^*(n)$;

③取 $N x^*(n)$ 的共轭并乘以 $1/N$ 得到 $x(n)$。

(2)实序列 DFT 的快速计算

在上面的讨论中,我们认为 $x(n)$ 和 $X(k)$ 都是复数序列,所以上面涉及的 FFT 及 IFFT 都是对复序列的运算,而实际中遇到的 $x(n)$ 往往是实序列。当然可以认为实序列是虚部为零的复序列,完全按照复序列进行计算。下面介绍的方法,可以有效地减少实序列 FFT 的计算工作量,从而提高计算速度。

1)利用 N 点复序列计算两个 N 点实序列的 FFT

这种算法的思想是,将两个 N 点实序列一个作实部,一个作虚部,合成一个复序列,然后计算一个复序列的 FFT,再把输出奇、偶、虚、实特性加以分离。

设 $x_1(n)$ 和 $x_2(n)$ 均为 N 点的有限长实序列,利用 $x_1(n)$ 和 $x_2(n)$ 构成一个复序列 $y(n) = x_1(n) + jx_2(n)$,于是:

$$\mathrm{DFT}[y(n)] = \mathrm{DFT}[x_1(n) + jx_2(n)] = \mathrm{DFT}[x_1(n)] + j\mathrm{DFT}[x_2(n)] = X_1(k) + jX_2(k)$$

又

$$x_1(n) = \mathrm{Re}[y(n)], \quad x_2(n) = \mathrm{Im}[y(n)]$$

由 DFT 的性质可得:

$$X_1(k) = \mathrm{DFT}\{\mathrm{Re}[y(n)]\} = Y_{ep}(k) = \frac{1}{2}[Y(k) + Y^*((N-k))_N]R_N(k) \qquad (3.3.33)$$

$$X_2(k) = \text{DFT}\{\text{lm}[y(n)]\} = \frac{1}{j}Y_{op}(k) = \frac{1}{2j}[Y(k) - Y^*((N-k))_N]R_N(k)$$

$$(3.3.34)$$

这样用一次 FFT 求出 $Y(k)$，再由式(3.3.33)和式(3.3.34)求出 $X_1(k)$ 和 $X_2(k)$。这种把两个实序列合成一个复序列进行 FFT 变换的方法，所用的时间只比单独做一个序列的变换（把实序列当作复序列）略多一些，因此这种方法的计算速度几乎可以提高一倍。

2)利用 N 点复数序列计算 $2N$ 点实序列的 FFT

设 $x(n)$ 是 $2N$ 点实序列，将其按 n 的奇偶分成两个子序列，

$$\begin{cases} 偶数序列 \quad x(2r) = x_1(r) \\ 奇数序列 \quad x(2r+1) = x_2(r) \end{cases}, r = 0,1,\cdots,N-1$$

$x_1(r)$ 和 $x_2(r)$ 均为 N 点的实序列，按上面 1)中介绍的方法计算两个实序列的 DFT，得到 $X_1(k)$ 和 $X_2(k)$ ，那么由式(3.3.11)、式(3.3.12)得到：

$$X(k) = X_1(k) + W_{2N}^k X_2(k), k = 0,1,\cdots,N-1 \qquad (3.3.35)$$

$$X(k+N) = X_1(k) - W_{2N}^k X_2(k), k = 0,1,\cdots,N-1 \qquad (3.3.36)$$

3.3.6 其他的 FFT 算法

前面介绍的基-2FFT 算法，是假设处理数据的点数 N 是 2 的整数次幂。当 N 不满足这个条件时，有两种处理方法，一种方法是补零使之满足，但是随着补零个数的增加，会使运算量增加，从而降低了效率。另一种方法是采用其他基。下面简要介绍混合基 FFT 算法。

按照 FFT 的基本思想，要减少乘、加法运算次数，必须把长度为 N 的序列 $x(n)$ 分成许多短序列的组合。如果 N 可以分解为两个整数 L 与 M 的乘积（$N = LM$），可将 $x(n)$ 分成 L 组 M 点的序列。分组办法不是像基-2FFT 法那样按奇偶分或是按前后顺序分，而是每 L 点抽取一个数据。例如 $x = 15 = 3 \times 5$，则应分成三组，每组 5 个数据，这 5 个数据是每隔 3 点抽取一个，即：

第一组为 $\{x(0)x(3)x(6)x(9)x(12)\}$

第二组为 $\{x(1)x(4)x(7)x(10)x(13)\}$

第三组为 $\{x(2)x(5)x(8)x(11)x(14)\}$

所以，若将长度为 N 的序列 $x(n)$ 分成 L 组、每组长度为 M 的序列，则可表示为：

$$\left. \begin{aligned} x_0(r) &= x(Lr) \\ x_1(r) &= x(Lr+1) \\ x_2(r) &= x(Lr+2) \\ &\vdots \\ x_{L-1}(r) &= x[Lr+(L-1)] \end{aligned} \right\} r = 0,1,\cdots,M-1 \qquad (3.3.37)$$

于是可以写出 $x(n)$ 的 DFT 为：

$$\begin{aligned} X(k) &= \sum_{n=0}^{N-1} x(n) W_N^{nk} \\ &= \sum_{r=0}^{M-1} x(Lr) W_N^{Lrk} + \sum_{r=0}^{M-1} x(Lr+1) W_N^{(Lr+1)k} + \cdots + \sum_{r=0}^{M-1} x[Lr+(L-1)] W_N^{[Lr+(L-1)]k} \\ &= \sum_{r=0}^{M-1} x(Lr) W_N^{Lrk} + W_N^k \sum_{r=0}^{M-1} x(Lr+1) W_N^{Lrk} + \cdots + W_N^{(L-1)k} \sum_{r=0}^{M-1} x[Lr+(L-1)] W_N^{Lrk} \end{aligned}$$

$$= \sum_{r=0}^{M-1} x(Lr) W_M^{rk} + W_N^k \sum_{r=0}^{M-1} x(Lr+1) W_M^{rk} + \cdots + W_N^{(L-1)k} \sum_{r=0}^{M-1} x[Lr+(L-1)] W_M^{rk}$$

式中,

$$W_N^{Lrk} = W_{N/L}^{rk} = W_M^{rk}$$

将上式写成和式得:

$$X(k) = \sum_{l=0}^{L-1} W_N^{lk} \left\{ \sum_{r=0}^{M-1} x(Lr+l) W_M^{rk} \right\} = \sum_{l=0}^{L-1} W_N^{lk} X_l(k) \tag{3.3.38}$$

其中

$$X_l(k) = \sum_{r=0}^{M-1} x(Lr+l) W_M^{rk}, \qquad l = 0,1,\cdots,L-1; k = 0,1,\cdots,M-1 \tag{3.3.39}$$

是 M 点的 DFT,所以 $X(k)$ 是 L 个 M 点 DFT 的加权和。由于 $X_l(k)$ 都是以 M 为周期的,即 $X_l(k+M) = X_l(k)$,因此总的 $X(k)$ 可以表示为:

$$X(k) = \sum_{l=0}^{L-1} W_N^{lk} X_l(k)$$

$$X(M+k) = \sum_{l=0}^{L-1} W_N^{l(M+k)} X_l(k)$$

$$\vdots$$

$$X[(L-1)M+k] = \sum_{l=0}^{L-1} W_N^{l[(L-1)M+k]} X_l(k), \qquad k = 0,1,\cdots,M-1 \tag{3.3.40}$$

例如,对于 $N = 6 = 3 \times 2 = 2 \times 3$ 的序列,若 $L = 3, M = 2$,即把 $x(n)$ 分成三个两点序列:

$$x_0(r) = \{x(0) x(3)\}$$
$$x_1(r) = \{x(1) x(4)\}$$
$$x_2(r) = \{x(2) x(5)\}$$

于是 $X_l(k) = \sum_{r=0}^{2-1} x(3r+l) W_2^{rk}, l = 0,1,2; k = 0,1$

$$X(k) = X_0(k) + W_6^k X_1(k) + W_6^{2k} X_2(k)$$
$$X(2+k) = X_0(k) + W_6^{2+k} X_1(k) + W_6^{2(2+k)} X_2(k)$$
$$X(4+k) = X_0(k) + W_6^{4+k} X_1(k) + W_6^{2(4+k)} X_2(k)$$

相应的信号流图如图 3.3.14(a) 所示。若 $L = 2, M = 3$,即把 $x(n)$ 分成两个三点序列:

$$x_0(r) = \{x(0) (2) x(4)\}$$
$$x_1(r) = \{x(1) x(3) x(5)\}$$

于是, $X_l(k) = \sum_{r=0}^{3-1} x(2r+l) W_3^{rk}, l = 0,1; k = 0,1,2$

$$X(k) = X_0(k) + W_6^k X_1(k)$$
$$X(3+k) = X_0(k) + W_6^{3+k} X_1(k)$$

相应的信号流图如图 3.3.14(b) 所示:

在以上分析中,式(3.3.39)是求 L 个 M 点 DFT。而式(3.3.38),其形式类似于作 L 点 DFT,并且由式(3.3.40)可知,式(3.3.38)变换共有 M 个。由此可知,当 $N = LM$ 为复合数时,可以分解成基 L 和 M 的混合基 FFT 算法。对于这种算法,其所需的复数乘法数目由 L 个 M 点 DFT 和 M 个 L 点 DFT 的复乘次数所确定,即 N 为复合数的混合基的 FFT 算法总的复乘法次

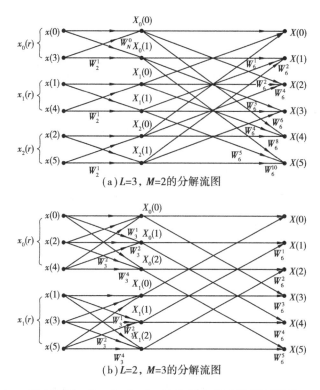

图 3.3.14　$N = 6 = 3 \times 2 = 2 \times 3$ 混合基 FFT 算法流图

数为 $LM^2 + ML^2 = NM + NL = N(M + L)$。而直接计算 N 点 DFT，则需 N^2 次复数乘法，可见 N $(M + L) < N^2$。例如 $N = 60 = 5 \times 12$ 时，直接 DFT 的复乘次数为 $60^2 = 3\ 600$ 次；分解为组合数的 FFT，其复乘次数为 $60(12 + 5) = 1\ 020$ 次，即后者的复乘次数还不到前者的三分之一。如果将 12 再继续分解，后者的复乘次数还会进一步减少。

3.4　快速傅里叶变换的应用

3.4.1　计算线性卷积

时域圆周卷积定理告诉我们，在计算时域圆周卷积时，可以先分别计算两个序列的 DFT，然后把两个序列的 DFT 相乘，再进行 IDFT 即可得到结果。由于存在计算序列的 DFT 的快速算法，因此圆周卷积比线性卷积的计算速度快。但是，许多实际问题要求解线性卷积。如果信号 $x(n)$ 和系统的单位冲激响应 $h(n)$ 都是有限长序列，能否用圆周卷积来代替线性卷积而不失真呢？为此我们需要搞清圆周卷积与线性卷积的关系，下面来加以讨论。

（1）圆周卷积与线性卷积的关系

设 $x_1(n)$ 是 N_1 点的有限长序列，$x_2(n)$ 是 N_2 点的有限长序列，二者的线性卷积为：

$$y_l(n) = x_1(n) * x_2(n) = \sum_{m = -\infty}^{\infty} x_1(m) x_2(n - m) = \sum_{m = 0}^{N_1 - 1} x_1(m) x_2(n - m) \quad (3.4.1)$$

$x_1(m)$ 的非零区间为 $0 \leqslant m \leqslant N_1 - 1$，$x_2(n - m)$ 的非零区间为 $0 \leqslant n - m \leqslant N_2 - 1$，

将两个不等式相加,得到:

$$0 \leq n \leq N_1 + N_2 - 2$$

因此 $y_l(n)$ 是一个点数为 $N_1 + N_2 - 1$(两序列的点数之和减 1)的有限长序列,例如:

$$x_1(n) = \begin{cases} 1, 0 \leq n \leq 3, N_1 = 4 \\ 0, 其他 \end{cases}$$

$$x_2(n) = \begin{cases} n, 0 \leq n \leq 4, N_2 = 5 \\ 0, 其他 \end{cases}$$

$x_1(n)$ 与 $x_2(n)$ 线性卷积的计算过程如图 3.4.1 所示。由图 3.4.1 可见,$y_1(n)$ 的长度 $N = N_1 + N_2 - 1 = 4 + 5 - 1 = 8$,即 $y_1(n)$ 在 $0 \leq n \leq 7$ 范围内有非零值,在此范围以外 $y_1(n) = 0$。

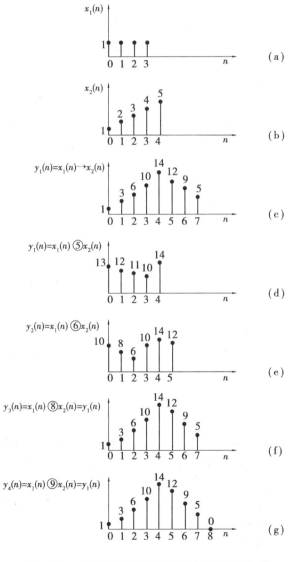

图 3.4.1　有限长序列的线性卷积与圆周卷积

再看 $x_1(n)$ 与 $x_2(n)$ 的圆周卷积,我们知道,圆周卷积要求两个序列的点数相等,而且圆周卷积的结果也是同样点数的序列,也即 $x_1(n)$ 与 $x_2(n)$ 进行点数为 L 的圆周卷积,其结果也是点数为 L 的序列,那么要想用圆周卷积(点数为 L)来代替线性卷积(点数为 $N_1 + N_2 - 1$)而不失真,必须满足条件:

$$L \geqslant N_1 + N_2 - 1 \tag{3.4.2}$$

理论推导如下:

设 $y(n) = x_1(n) ⓛ x_2(n)$ 是两个序列的 L 点圆周卷积,这就要将 $x_1(n)$ 和 $x_2(n)$ 都看成 L 点的序列,为此,要在 $x_1(n)$ 中补上 $L - N_1$ 个零值点,在 $x_2(n)$ 中补上 $L - N_2$ 个零值点,故令:

$$x_1(n) = \begin{cases} x_1(n), 0 \leqslant n \leqslant N_1 - 1 \\ 0, N_1 \leqslant n \leqslant L - 1 \end{cases}, x_2(n) = \begin{cases} x_2(n), 0 \leqslant n \leqslant N_2 - 1 \\ 0, N_2 \leqslant n \leqslant L - 1 \end{cases} \tag{3.4.3}$$

则

$$y(n) = \left[\sum_{m=0}^{L-1} x_1(m) x_2((n-m))_L \right] R_L(n) \tag{3.4.4}$$

为进行圆周卷积,我们将 $x_1(n)$ 和 $x_2(n)$ 进行周期延拓:

$$\tilde{x}_1(n) = \sum_{r=-\infty}^{\infty} x_1(n + rL), \qquad \tilde{x}_2(n) = \sum_{q=-\infty}^{\infty} x_2(n + qL)$$

则

$$\tilde{x}_1(m) = \sum_{r=-\infty}^{\infty} x_1(m + rL) \qquad \tilde{x}_2(n-m) = \sum_{q=-\infty}^{\infty} x_2(n - m + qL)$$

于是

$$\tilde{y}(n) = \sum_{m=0}^{L-1} \tilde{x}_1(m) \tilde{x}_2(n-m) = \sum_{m=0}^{L-1} x_1(m) \sum_{q=-\infty}^{\infty} x_2(n - m + qL)$$

$$= \sum_{q=-\infty}^{\infty} \sum_{m=0}^{L-1} x_1(m) x_2(n - m + qL)$$

$$= \sum_{q=-\infty}^{\infty} y_l(n + qL) \tag{3.4.5}$$

$$y(n) = \tilde{y}(n) R_L(n) = \left[\sum_{q=-\infty}^{\infty} y_l(n + qL) \right] R_L(n) \tag{3.4.6}$$

所以 L 点圆周卷积 $y(n)$ 是线性卷积 $y_l(n)$ 以 L 为周期的周期延拓的主值序列。因为 $y_l(n)$ 有 $N_1 + N_2 - 1$ 个非零值,所以延拓的周期 L 必须满足:$L \geqslant N_1 + N_2 - 1$。

这时各延拓周期才不会交叠,而 $y(n)$ 的前 $N_1 + N_2 - 1$ 个值正好是 $y(n)$ 的全部非零值,也正是 $y_l(n)$,也即:

$$x_1(n) ⓛ x_2(n) = x_1(n) * x_2(n), \begin{cases} L \geqslant N_1 + N_2 - 1 \\ 0 \leqslant n \leqslant N_1 + N_2 - 2 \end{cases} \tag{3.4.7}$$

图 3.4.1(d),(e),(f),(g)反映了圆周卷积与线性卷积的关系。图 3.4.1(d)、(e)中 $L = 5$、$L = 6$ 小于 $N_1 + N_2 - 1$,这时产生混叠现象,其圆周卷积不代表线性卷积;而图 3.4.1(f)中 $L = 8$,这时圆周卷积与线性卷积结果相同;图 3.4.1(g)中 $L = 9 > N_1 + N_2 - 1$,所以 $y(n)$ 的前 8 个点代表线性卷积结果,第 9 点零值不影响卷积结果。故当 $L \geqslant N_1 + N_2 - 1$ 时,圆周卷积主值区内的值代表了线性卷积的结果。

(2)线性卷积的 FFT 算法

用 FFT 计算线性卷积的步骤如下:

1)对序列 $x(n)$ 和 $h(n)$ 补零,使其长度均为 $N(N \geqslant N_1 + N_2 - 1)$;

2)用 FFT 计算 $x(n)$ 和 $h(n)$ 的离散傅里叶变换:

$X(k) = \mathrm{DFT}[x(n)]$（$N$ 点）、$H(k) = \mathrm{DFT}[h(n)]$（$N$ 点）;

3)计算 $Y(k) = X(k)H(k)$;

4)用 IFFT 计算 $Y(k)$ 的离散傅里叶反变换,求得 $y(n)$:

$y(n) = \mathrm{IFFT}[Y(k)]$（$N$ 点）。

(3)长序列与短序列的线性卷积

在实际的信号处理中,我们可能遇到一个长序列和一个短序列的线性卷积问题,例如语音信号通过一个数字系统的过滤就是如此。设长序列语音信号用 $x(n)$ 表示,短序列为系统的单位冲激响应序列 $h(n)$,为了求系统的响应,必须计算 $x(n)$ 与 $h(n)$ 的线性卷积。如果让长序列 $x(n)$ 全部输入之后,再进行线性卷积,在计算机进行处理时,必然占据大量的内存,而且要等待许多时间,达不到实时处理的要求。为了克服以上缺点,我们可以将长序列分为若干个点数和 $h(n)$ 相仿的短序列,输入一段后随即进行卷积,然后将分段处理的结果拼加起来,就可得到最终的结果。在分段卷积中,均采用 FFT 来实现线性卷积。分段卷积可以有两种具体计算方法,分别叫做重叠相加法和重叠保留法,分述如下。

1)重叠相加法

设 $h(n)$ 的点数为 M ,信号 $x(n)$ 为很长的序列,如图 3.4.2(b)所示。我们将 $x(n)$ 分解为很多段,每段为 L 点,L 选择成和 M 的数量级相同,用 $x_i(n)$ 表示 $x(n)$ 的第 i 段,于是输入序列可表示成:

$$x(n) = \sum_{i=0}^{\infty} x_i(n) \tag{3.4.8}$$

式中,

$$x_i(n) = \begin{cases} x(n), & iL \leq n \leq (i+1)L - 1 \\ 0, & \text{其他 } n \end{cases} \qquad i = 0, 1, \cdots \tag{3.4.9}$$

这样,$x(n)$ 与 $h(n)$ 的线性卷积等于 $x_i(n)$ 和 $h(n)$ 的线性卷积之和,即:

$$y(n) = x(n) * h(n) = \sum_{i=0}^{\infty} x_i(n) * h(n) \tag{3.4.10}$$

和式中的每一个 $x_i(n) * h(n)$ 都为 $L+M-1$ 点。因此可将 $x_i(n)$ 及 $h(n)$ 补零值点,一直补到 $L+M-1$ 点,以利用 $L+M-1$ 点的 DFT,通过圆周卷积得到线性卷积 $x_i(n) * h(n)$ 。为便于利用基-2FFT 算法,一般取 $L+M-1 = 2^m$ 。由于每一输入段的起点和前后相邻各段的起点相隔 L 个点,而 $y_i(n)$ 为（$L+M-1$）点,所以在作式(3.4.10)的求和时,每段卷积的最后（$M-1$）个点必然和下一段前（$M-1$）个点相重叠,如图3.4.2所示。输入各段 $x_i(n)$ 描绘于3.4.2(c)~(e),相加各 $x_i(n)$ 波形即可重新组成输入信号 $x(n)$ 波形。卷积后各段输出示于图3.4.2(f)~(h),而总的输出序列 $y(n) = x(n) * h(n)$ 是通过图 3.4.2(f)~(h)中各段相加得到的。重叠部分也要相加,故称重叠相加法。重叠的原因是由于每段输入序列 $x_i(n)$ 与单位冲击响应 $h(n)$ 的线性卷积后的点数长于 $x(n)$ 的分段点数造成的。

FFT 法实现重叠相加法的步骤如下:

①对序列 $x_i(n)$ 和 $h(n)$ 补零,使其长度均为 $L+M-1$ 点;

②用 FFT 计算 $x_i(n)$ 和 $h(n)$ 的离散傅里叶变换:

$X_i(k) = \mathrm{FFT}[x_i(n)]$（$L+M-1$ 点）,$H(k) = \mathrm{FFT}[h(n)]$（$L+M-1$ 点）;

③计算 $Y_i(k) = X_i(k)H(k)$;

④用 IFFT 计算 $Y_i(k)$ 的离散傅里叶反变换,求得 $y_i(n)$。

$$y_i(n) = \text{IFFT}[Y_i(k)](L+M-1 \text{ 点})$$

⑤将各段 $y_i(n)$(包括重叠部分)相加,得 $y(n) = \sum\limits_{i=0}^{\infty} y_i(n)$。

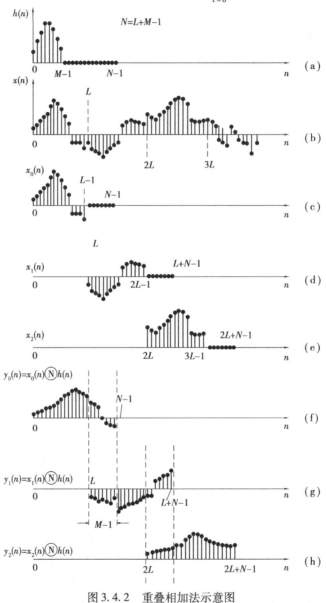

图 3.4.2　重叠相加法示意图

2)重叠保留法

这种方法中延长分段序列的办法不是补零,而是保留前一段的输入序列值,且保留在每段的前端,如图 3.4.3(a)所示。这时,如利用 DFT 实现 $h(n)$ 和 $x_i(n)$ 的圆周卷积,则其每段卷积结果的前($M-1$)个点不等于线性卷积值而需舍去。

为了清楚地看出这点,我们来看一看图 3.4.4,研究一下 $x(n)$ 的任一段长为 N 的序列 $x_i(n)$ 与 $h(n)$(原为 M 点,补零值点后也为 N 点)的 N 点圆周卷积情况。

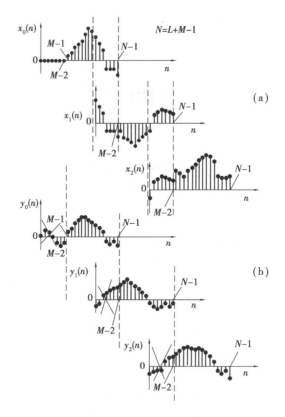

图 3.4.3　重叠保留法示意图

$$y_i'(n) = x_i(n) \, Ⓝ \, h(n) = \sum_{m=0}^{N-1} x_i(m) h((n-m))_N R_N(n) \tag{3.4.11}$$

由于 $h(m)$ 为 M 点, 补零后作 N 点圆周位移时, $n = 0,1,\cdots,M-2$ 每种情况下, $h((n-m))_N R_N(m)$ 在 $0 \leqslant m \leqslant N-1$ 范围的末端出现非零值, 而此处 $x_i(m)$ 是有数值存在的, 如图 3.4.4(c)、(d) 为 $n=0, n=M-2$ 的情况。所以, 在 $0 \leqslant n \leqslant M-2$ 这一部分的 $y_i'(n)$ 值中将混入 $x_i(m)$ 尾部与 $h((n-m))_N R_N(m)$ 尾部的乘积值, 从而使这些点的 $y_i'(n)$ 值不同于线性卷积结果。但是从 $n=M-1$ 直到 $n=N-1$, $h((n-m))_N R_N(m) = h(n-m)$ (如图3.4.4(e)、(f)所示), 圆周卷积值完全与线性卷积值一样, $y_i'(n)$ 就是正确的线性卷积值。因而必须把每一段圆周卷积结果的前 $(M-1)$ 个值去掉, 如图 3.4.4(g)所示。

因此, 为了不造成输出信号的遗漏, 对输入分段时, 就需要使相邻两段有 $M-1$ 个点重叠 (对于第一段, 即 $x_0(n)$, 由于没有前一段保留信号, 则需要在序列前填充 $M-1$ 个零值点), 这样, 设原输入序列为 $x'(n)$ ($n \geqslant 0$ 时有值), 则应重新定义输入序列:

$$\left. \begin{array}{l} x(n) = \begin{cases} 0, 0 \leqslant n \leqslant M-2 \\ x'[n-(M-1)], M-1 \leqslant n \end{cases} \\ x_i(n) = \begin{cases} x[n+i(N-M+1)], 0 \leqslant n \leqslant N-1 \\ 0, 其他 \, n \end{cases} \quad i = 0,1,\cdots \end{array} \right\} \tag{3.4.12}$$

在这一公式中, 已经把每一段的时间原点放在该段的起始点, 而不是 $x(n)$ 的原点。这种分段方法表示于图 3.4.3 中, 每段 $x_i(n)$ 和 $h(n)$ 的圆周卷积结果以 $y_i(n)$ 表示, 如图 3.4.3(b)

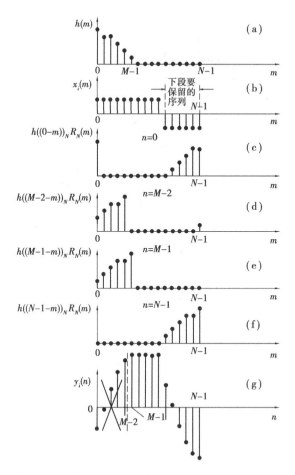

图 3.4.4 用保留信号代替补零后的局部混叠现象

所示,图中已标出每一输出段开始的 $(M-1)$ 个点 $0 \leqslant n \leqslant M-2$ 部分需舍掉不用。此时把相邻各输出段留下的序列衔接起来,就构成了最后的正确输出,即:

$$y(n) = \sum_{i=0}^{\infty} y_i[n - i(N - M + 1)] \qquad (3.4.13)$$

式中

$$y_i(n) = \begin{cases} y'_i(n), & M-1 \leqslant n \leqslant N-1 \\ 0, & \text{其他 } n \end{cases} \qquad (3.4.14)$$

这时,每段输出的时间原点放在 $y_i(n)$ 的起始点,而不是 $y(n)$ 的原点。

3.4.2 计算线性相关

互相关及自相关的运算已广泛地应用于信号分析与统计分析中,应用于连续时间系统也应用于离散时间系统。

用 FFT 计算相关函数,称为快速相关。它与快速卷积完全类似,所不同的是一个应用离散相关定理,另一个应用离散卷积定理。同样都要注意到离散傅里叶变换固有的周期性,也同样用补零的方法来避免混叠失真。

设 $x(n)$ 与 $y(n)$ 的分别为 N_1 点和 N_2 点序列,线性相关的定义是:

$$r_{xy}(n) = \sum_{m=0}^{N_2-1} x(n+m)y^*(m)$$

则用 FFT 求线性相关的计算步骤如下：

①对序列 $x(n)$ 和 $y(n)$ 补零，使其长度均为 N（$N \geq N_1 + N_2 - 1$），且 $N = 2^r$（r 为整数）；

②用 FFT 计算 $x(n)$ 和 $y(n)$ 的离散傅里叶变换：

$X(k) = \mathrm{DFT}[x(n)]$（$N$ 点）、$Y(k) = \mathrm{DFT}[y(n)]$（$N$ 点）；

③将 $Y(k)$ 的虚部 $\mathrm{Im}[Y(k)]$ 改变符号，求得其共轭 $Y^*(k)$；

④计算 $R_{xy}(k) = X(k)Y^*(k)$；

⑤用 IFFT 计算 $R_{xy}(k)$ 的离散傅里叶反变换，求得 $r_{xy}(n)$：

$r_{xy}(n) = \mathrm{IFFT}[R_{xy}(k)]$，（$N$ 点）。

习　题

1. 如题图 3.1 所示，序列 $\tilde{x}(n)$ 是周期为 4 的周期序列，试求其傅里叶级数的系数 $\tilde{X}(k)$。

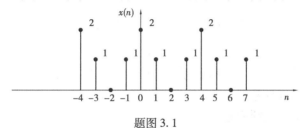

题图 3.1

2. 计算周期序列 $\tilde{x}(n) = \{\mathrm{j}, 1, -\mathrm{j}, 1\}$ 的傅里叶级数的系数 $\tilde{X}(k)$。

3. 设 $x(n) = R_5(n)$，$\tilde{x}(n) = x((n))_6$，试求 $\tilde{X}(k)$，并作图。

4. 设 $x(n) = \begin{cases} n, & 0 \leq n \leq 5 \\ 0, & \text{其他 } n \end{cases}$，$h(n) = R_4(n-2)$

令 $\tilde{x}(n) = x((n))_6$，$\tilde{h}(n) = h((n))_6$，试求 $\tilde{x}(n)$ 与 $\tilde{h}(n)$ 的周期卷积，并作图。

5. 试求下列有限长序列的 N 点 DFT。

(1) $x(n) = \delta(n - n_0)$，$0 < n_0 < N$

(2) $x(n) = nR_N(n)$

(3) $x(n) = a^n R_N(n)$

6. 已知 $\mathrm{DFT}[x(n)] = X(k)$，试求 $\mathrm{DFT}[X(k)]$。

7. 设有两个序列，$x(n) = \begin{cases} n+1, & 0 \leq n \leq 5 \\ 0, & \text{其他 } n \end{cases}$ 和 $h(n) = \delta(n-2)$，试画出它们的六点圆周卷积。

8. 设序列 $x(n)$ 为 N 点有限长序列，$x(n)$ 的傅里叶变换为 $X(\mathrm{e}^{\mathrm{j}\omega})$，试用 $X(\mathrm{e}^{\mathrm{j}\omega})$ 表示下列序列的傅里叶变换：

$$①x(2n);②x\left(\frac{n}{2}\right);③x^*(n)$$

9. 设序列 $x(n)$ 为 N 点有限长序列，$X(k) = \text{DFT}[x(n)]$，现将它变成 $2N$ 点序列 $y(n)$ ，

$$y(n) = \begin{cases} x(n), & 0 \leq n \leq N-1 \\ 0, & N \leq n \leq 2N-1 \end{cases}$$

试用 $X(k)$ 表示 $y(n)$ 的离散傅里叶变换 $Y(k)$ 。

10. 如果通用计算机的速度为平均每次复乘需要 $5~\mu s$,每次复加需要 $1~\mu s$,用来计算 $N = 1024$ 点 DFT,问直接计算需要多少时间？用基-2 按时间抽取法计算需要多少时间？按这样计算,用 FFT 进行快速卷积对信号进行处理时,估算可实现实时处理的信号的最高频率。

11. $N = 16$ 时,画出基-2 按时间抽取法及按频率抽取法的 FFT 流图。

12. 试画出用混合基-4×3 的 FFT 算法求 $N = 12$ 点的 DFT 的运算流图。

13. 试画出题图 3.2 中所示两个有限长序列的线性卷积和 7 点圆周卷积图形。

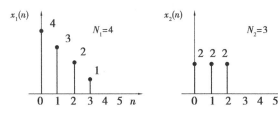

题图 3.2

14. 题图 3.3 表示点数为 5 的有限长序列,试画出：
(1) $x(n)$ 与 $x(n)$ 的线性卷积；
(2) $x(n)$ 与 $x(n)$ 的 5 点圆周卷积；
(3) $x(n)$ 与 $x(n)$ 的 10 点圆周卷积。

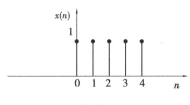

题图 3.3

15. 设 60 点序列 $x(n) = \{1,2,3,4,5,1,2,3,4,5,\cdots,1,2,3,4,5\}$, $h(n) = \{1,0,1,1\}$,试分别用重叠相加法和重叠保留法计算它们的线性卷积序列 $y(n)$ 。

16. 我们希望利用 $h(n)$ 点数为 $N = 100$ 的 FIR 滤波器对很长的数据序列进行滤波处理,要求采用重叠保留法,通过 DFT(即 FFT) 来实现。所谓重叠保留法,就是对输入序列进行分段(本题设每段长度为 $M = 100$ 个采样点),但相邻两段必须重叠 P 个点,然后计算各段与 $h(n)$ 的 L 点(本题取 $L = 128$) 圆周卷积,得到输出序 $y_m(n)$, m 表示第 m 段计算输出。最后,从 $y_m(n)$ 中取出 Q 个点,使每段取出的 Q 个采样连接得到滤波器输出 $y(n)$ 。

(1) 求 P；
(2) 求 Q；
(3) 确定取出的 Q 个采样应为 $y_m(n)$ 中的哪些采样点。

第**4**章
相关与谱分析

相关与谱分析是信号分析和处理中的重要内容之一。它们既反映了信号本身的特征,同时又是信号分析和信号处理的重要手段。相关是在时域中研究信号特征的重要方法,这种方法已广泛应用于各种信号处理和信号检测方面。谱分析和谱估计则是在频域对信号进行研究。由于 FFT 的出现,使得信号频谱计算变得容易实现;现代计算机技术的发展又使得计算的时间大为缩短,因此,谱分析和谱估计技术在许多领域日益获得广泛的应用。

实际上,信号包括确知信号和随机信号两大类。到目前为止,本教材中涉及的信号均为确知信号。而自然界大量存在的是非确知性的随机信号,如无线电系统中的噪声信号,电话中的声音信号,生物医学中的心电信号等。这类信号不能用一个确切的数学公式来描述,也不能准确地预测。对于这类信号,只能用概率和统计平均的方法来表述,比如用均值、方差、概率密度函数、相关函数及功率谱函数等。因此对于这两类信号,其相关函数和谱函数有着不同的定义方式和分析处理方法。

本章重点介绍如何用 DFT 对确知信号进行频谱分析,然后介绍信号的相关、功率谱和能量谱的基本概念及计算分析方法。

4.1 连续确知信号的频谱分析

对信号作频谱分析,实际上就是计算信号的傅里叶变换,获得信号的频谱函数或频谱图。对于非周期连续信号,其傅里叶变换是连续非周期函数;对于周期的连续时间信号,其傅里叶分析是无穷级数;离散时间序列的傅里叶变换是 w 的连续周期函数。无论哪一种变换,都不便于用计算机计算。然而 DFT 则是建立的有限长离散序列间的联系,特别适合于计算机计算,因此成为信号傅里叶变换计算的有力工具。在工程实际中,经常遇到和应用的都是连续信号,序列可看成是时间离散后抽样的结果,所以本节将重点介绍如何用 DFT 对连续信号进行近似频谱计算,并讨论 DFT 的参数选择和频率分辨率提高之间的关系。

4.1.1 用 DFT 对连续时间信号进行谱分析的原理和公式推导

设 $x_a(t)$ 为连续时间信号,对 $x_a(t)$ 以时间间隔 T 进行采样,得到离散时间信号即序列

$x(n)$。分别用 $X_a(j\Omega)$ 和 $X(e^{j\omega})$ 表示 $x_a(t)$ 和 $x(n)$ 经过傅里叶变换后的频谱函数,有:

$$X_a(j\Omega) = FT[x_a(t)] = \int_{-\infty}^{\infty} x_a(t)e^{-j\Omega t}d\Omega \qquad (4.1.1)$$

$$X(e^{j\omega}) = DTFT[x(n)] = \sum_{n=-\infty}^{\infty} x(n)e^{-j\omega n} \qquad (4.1.2)$$

由连续时间信号的傅里叶逆变换得:

$$x_a(t) = IFT[X_a(j\Omega)] = \frac{1}{2\pi}\int_{-\infty}^{\infty} X_a(j\Omega)e^{j\Omega t}d\Omega \qquad (4.1.3)$$

因为 $x(n)$ 是 $x_a(t)$ 经过抽样而得:

$$x(n) = x_a(t)\Big|_{t=nT}$$
$$= \frac{1}{2\pi}\int_{-\infty}^{\infty} X_a(j\Omega)e^{j\Omega nT}d\Omega$$
$$= \sum_{k=-\infty}^{\infty} \frac{1}{2\pi}\int_{(2k-1)\pi/T}^{(2k+1)\pi/T} X_a(j\Omega)e^{j\Omega nT}d\Omega \qquad (4.1.4)$$

令 $\omega = \Omega T - 2\pi k$,则有

$$x(n) = \sum_{k=-\infty}^{\infty}\left[\frac{1}{2\pi}\int_{-\pi}^{\pi}\frac{1}{T}X_a\left(j\frac{\omega+2\pi k}{T}\right)e^{j(\omega+2\pi k)n}d\omega\right] = \frac{1}{2\pi}\int_{-\pi}^{\pi}\left[\sum_{k=-\infty}^{\infty}\frac{1}{T}X_a\left(j\frac{\omega+2\pi k}{T}\right)e^{j\omega n}\right]d\omega$$
$$(4.1.5)$$

又由 IDTFT 的定义知:

$$x(n) = IDTFT[X(e^{j\omega})] = \frac{1}{2\pi}\int_{-\pi}^{\pi} X(e^{j\omega})e^{j\omega t}d\omega \qquad (4.1.6)$$

对比上两式可得离散时间信号 $x(n)$ 与连续时间信号 $x_a(t)$ 的频谱函数关系为:

$$X(e^{j\omega}) = \sum_{k=-\infty}^{\infty}\frac{1}{T}X_a\left(j\frac{\omega+2\pi k}{T}\right) = \sum_{k=-\infty}^{\infty}\frac{1}{T}X_a(j\Omega+jk\Omega_s)\Big|_{\Omega=\frac{\omega}{T}} \qquad (4.1.7)$$

推导中,数字频率和模拟角频率间的关系为 $\omega = \Omega T$,采样角频率 $\Omega_s = 2\pi/T$。推导结果表明:$X(e^{j\omega})$ 是 $X_a(j\Omega)$ 的周期化延拓,其延拓周期为 Ω_s。

如果连续时间信号的频谱是有限带宽且最高角频率为 Ω_c,同时抽样过程满足取样定理,即 $\Omega_s \geq 2\Omega_c$,那么当 $\left|\frac{\omega}{T}\right| \leq \frac{\pi}{T}$ 时,

$$X(e^{j\omega}) = \frac{1}{T}X_a\left(j\frac{\omega}{T}\right) = \frac{1}{T}X_a(j\Omega)\Big|_{\Omega=\frac{\omega}{T}} \qquad (4.1.8)$$

这样就可以在一定条件下可通过 $X(e^{j\omega})$ 来实现 $X_a(j\Omega)$ 的分析。

另一方面,设 $x(n)$ 是有限长序列,长度为 L,其 N 点的 DFT 记为 $X(k)$。

$$X(k) = \sum_{n=0}^{N-1} x(n)W_N^{nk}, \qquad W_N = e^{-j\frac{2\pi}{N}} \qquad (4.1.9)$$

$X(k)$ 是 $X(e^{j\omega})$ 在 $[0,2\pi)$ 区间上的 N 个等间隔采样点,即:

$$X(k) = X(e^{j\omega})\Big|_{\omega=\frac{2\pi}{N}k} \qquad (4.1.10)$$

由频域取样定理知,当 $N \geq L$ 时,$X(e^{j\omega})$ 完全可由 $X(k)$ 确定,此时有:

$$X(e^{j\omega}) = \frac{1}{N}\sum_{k=0}^{N-1} X(k)\frac{\sin\left(\frac{\omega N}{2}\right)}{\sin\left(\frac{\omega}{2}\right)}e^{-j\omega\frac{N-1}{2}} \qquad (4.1.11)$$

于是,连续时间信号 $x_a(t)$ 的频谱特性 $X_a(j\Omega)$ 可以通过序列频谱 $X(e^{j\omega})$ 频域上的 N 个等间隔频率抽样点 $X(k)$ 的计算来分析,它们之间的关系如图 4.1.1 所示。

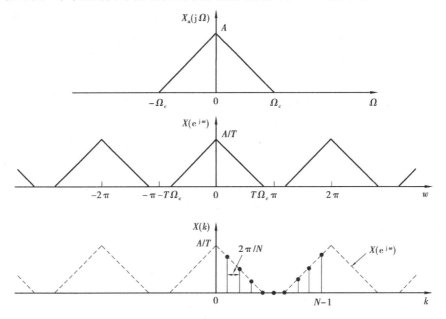

图 4.1.1　$X_a(j\Omega)$、$X(e^{j\omega})$ 以及 $X(k)$ 之间的关系

这就是 DFT 对连续时间信号进行频谱分析的基本原理。

对连续时间信号进行频谱分析的具体过程和步骤如下:

①采样。首先对要分析的连续时间信号 $x_a(t)$ 进行采样,得到离散时间序列 $x(n)$;

②截断。由 DFT 的定义知,它只对有限长序列有效,任何计算机能完成的计算也都是有限长的序列信号。因此如果序列 $x(n)$ 是无限长或超过计算机能够处理的序列长度,必须先将序列进行截断成有限长 $x_1(n)$。如果序列符合要求,则不需进行截断处理。

③DFT 计算。对有限长序列 $x_1(n)$ 进行 DFT 计算得到 $X_1(k)$。计算结果经过适当的重新排序处理即可得到待分析频谱的频域样点值。

由于 $X(k)$ 对应于 $X(e^{j\omega})$ 在 $[0,2\pi)$ 区间上的 N 个频谱采样值,而 $X_a(j\Omega)$ 对应于 $X(e^{j\omega})$ 在 $[-\pi,\pi)$ 区间上的频谱。因此,可以利用频谱函数 $X(e^{j\omega})$ 的周期性,用 $X(e^{j\omega})$ 在 $[\pi,2\pi)$ 区间上的采样值代替其在 $[-\pi,0)$ 区间上的采样值。即将 $X_1(k)$ 的后一半样点移到前面重新排序为:

$$X_1(k) = \left\{ X\left(\frac{N}{2}\right), X\left(\frac{N}{2}+1\right), X(N-1), X(0), X(1), \cdots, X\left(\frac{N}{2}-1\right) \right\} \quad (4.1.12)$$

如此就得到了 $X(e^{j\omega})$ 在 $[-\pi,\pi)$ 区间上的采样值。

④在一定的分辨率下用 $X_1(k)$ 近似代替真正的连续时间信号的频谱 $X_a(j\Omega)$。

4.1.2　谱分析中的误差来源和减小误差的措施

从上面的原理分析和过程看出,用 DFT 计算来进行连续信号的频谱分析是一种近似,其近似程度与信号长度、带宽、采样频率和截取长度等参数有关,可能存在不同程度的误差。因此,用 DFT 进行频谱分析的主要任务就是分析这一过程中可能存在的各种误差,并尽可能减小这些误差。

（1）频谱混叠

由于采样所得序列的频谱函数是原连续时间信号频谱函数以采样频率为周期的周期延拓。如果采样频率不满足采样定理，就会发生频谱混叠现象，使得采样后序列信号的频谱不能真实地反映原连续时间信号的频谱，产生频谱分析误差，称为混叠误差。

减小或消除混叠误差的办法有两个：①对于带宽有限的信号（最高频率为 f_c），混叠是由于采样不满足取样定理造成的。因此选择足够高的信号采样频率即可消除混叠误差。②对于带宽无限或未知带宽的信号，可采用预滤波处理。

在很多情况下可能无法准确预测信号的最高频率，甚至由于存在干扰或噪声信号本身就是无限带宽的，此时靠提高采样频率是无法消除混叠误差的。因此，为了避免混叠现象，可在采样前利用模拟低通滤波器（也称抗混叠滤波器或预滤波）对连续时间信号进行预处理，将其最高频率 f_c 限制在采样频率 f_s 的一半以内。实际应用中，滤波器的通带很难做到锐利截止，所以通常留有一定的余量，一般取 $f_s = (5 \sim 6) f_c$。

（2）截断效应

如果连续时间信号 $x_a(t)$ 在时域无限长，则离散化后的序列 $x(n)$ 也是无限长的，而 DFT只适用于有限长序列的计算，因此需要对 $x(n)$ 进行加窗截断，使之成为有限长序列 $x_1(n)$，这个过程称为时域加窗。从数学上这一过程就是对原序列乘上一个矩形窗序列，即：

$$x_1(n) = x(n) R_N(n) \tag{4.1.13}$$

由 DTFT 的性质，时域上两个序列相乘，在频域上是两个序列的离散时间傅里叶变换的卷积，即加窗后序列 $x_1(n)$ 的频谱函数为：

$$X_1(e^{j\omega}) = \frac{1}{2\pi} \int_{-\pi}^{\pi} X(e^{j\theta}) W_N(e^{j(\omega-\theta)}) d\theta \tag{4.1.14}$$

式中，$W_N(e^{j\omega})$ 是矩形窗序列 $R_N(n)$ 的 DTFT：

$$W_N(e^{j\omega}) = \text{DTFT}[R_N(n)] = \sum_{n=0}^{N-1} e^{-j\omega n} = \frac{\sin(\omega N/2)}{\sin(\omega/2)} e^{-j\omega \frac{N-1}{2}} \tag{4.1.15}$$

矩形窗频谱函数的幅度频谱 $|W_N(e^{j\omega})| = |\sin(\omega N/2)/\sin(\omega/2)|$，如图 4.1.2 所示。主瓣在 $\omega = 0$ 处，峰值为 N，宽度为 $4\pi/N$，有效宽度为 $2\pi/N$；主瓣两边有若干个幅度较小的副瓣，零点的位置由 $\sin(\omega N/2)$ 确定，分别位于 $\omega = 2\pi k/N (k = \pm 1, \pm 2, \cdots)$ 处；第一副瓣的峰值出现在 $\omega = 3\pi/N$ 处。

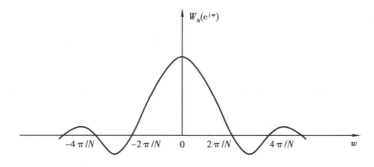

图 4.1.2　矩形窗频谱函数的幅度频谱

显然,随着截取长度 N 的增大,主瓣峰值将变大,宽度将变窄,但副瓣的峰值也会随之增加。

为了说明时域加窗对连续时间信号 $x_a(t)$ 频谱分析的影响,现分析一无限长的余弦信号的频谱。设:$x_a(t) = \cos(\Omega_0 t)$, $-\infty < t < \infty$

则该信号的频谱函数为:$X_a(j\Omega) = \pi[\delta(\Omega - \Omega_0) + \delta(\Omega + \Omega_0)]$

如果以时间间隔 T 对其采样,且满足采样定理,采样后的序列为无限长序列,即:$x(n) = \cos(\omega_0 n)$, $-\infty < n < \infty$

式中,$\omega_0 = \Omega_0 T$,序列 $x(n)$ 的频谱函数为:$X_1(e^{j\omega}) = \dfrac{\pi}{T}\sum\limits_{k=-\infty}^{\infty}[\delta(\omega - \omega_0 - 2\pi k) + \delta(\omega + \omega_0 - 2\pi k)]$

如图 4.1.3(a) 所示,它在 $[-\pi,\pi)$ 区间上为两个冲激信号。若对无限长序列 $x(n)$ 用矩形窗 $R_N(n)$ 截断得有限长序列 $x_1(n) = x(n)R_N(n)$。根据序列傅里叶变换的卷积定理知道:$x_1(n)$ 的频谱将是 $x(n)$ 的频谱和 $R_N(n)$ 的频谱之间的卷积积分。由此得到有限长序列 $x_1(n)$ 的频谱函数为:

$$X_1(e^{j\omega}) = \frac{1}{2T}\sum_{k=-\infty}^{\infty}\left[W_N(e^{j(\omega-\omega_0-2\pi k)}) + W_N(e^{j(\omega+\omega_0-2\pi k)})\right]$$

式中,$W_N(e^{j\omega})$ 是矩形窗序列 $R_N(n)$ 的 DTFT,$X_1(e^{j\omega})$ 的幅度频谱如图 4.1.3(b) 所示。对序列 $x_1(n)$ 进行 N 点 DFT,实际上就是计算 $X_1(e^{j\omega})$ 在 $[0,2\pi]$ 区间上的 N 个频域采样值。

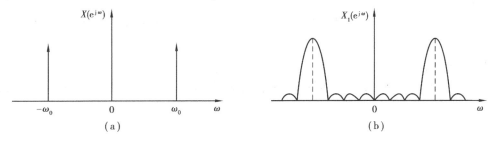

图 4.1.3 用矩形窗函数截断余弦序列后的频谱

对序列进行加窗截断后的频谱函数 $X_1(e^{j\omega})$ 是原序列频谱函数 $X(e^{j\omega})$ 与窗序列频谱函数的卷积积分,从而导致加窗前后序列的频谱存在差异。这种差异对频谱分析的影响主要表现在如下两个方面:

①频谱泄漏。无限长序列加矩形窗截断后,在矩形窗频谱函数的作用下,使得 $X(e^{j\omega})$ 出现了较大的频谱扩展和向两边的波动,通常称之为频谱泄漏,给频谱分析带来了误差,使频率分辨率降低。

②谱间干扰。截断引起的频谱展宽和波动,还会造成频谱混叠,即当它的高频成分超过 $\omega = \pi$(相当于折叠频率 $f_s/2$)时,不同频率分量信号间的频谱产生混叠现象,称之为谱间干扰。这同样会给频谱分析带来误差,或者由于频谱混叠而出现较大的峰值,被误认为是另一个信号的谱线,从而造成虚假信号。

为了降低因时域截断效应带来的谱分析误差,可以通过增加截断的长度 N 和改变窗的形状,尽可能使窗频谱函数的主瓣幅值大而旁瓣幅值较小,从而减小误差,提高频率分辨率。

(3)栅栏效应

我们知道,序列 $x_1(n)$ 的 N 点 DFT $X_1(k)$ 是在频域 $[0, 2\pi)$ 区间上对序列的频谱函数 $X_1(e^{j\omega})$ 进行 N 点等间隔采样,而采样点之间的频谱函数值是不知道的。所以用 DFT 来观察信号的频谱就如同通过一个栅栏来观看谱图一样,只能在某些离散点上看到真实的频谱线,而其他的谱线就可能被"栅栏"遮挡而观察不到,这种现象称为栅栏效应。

减小栅栏效应的常用方法是在原时域序列的后面补零,增加用于计算的序列长度。即构成一个长度 $L > N$ 的序列 $x_0(n)$:

$$x_0(n) = \begin{cases} x_1(n), & 0 \leq n \leq N-1 \\ 0, & N \leq n \leq L-1 \end{cases} \tag{4.1.16}$$

序列 $x(n)$ 补零后,尽管 $x_0(n)$ 的频谱函数仍为 $X_1(e^{j\omega})$,但对序列 $x_0(n)$ 做 L 点 DFT 后,计算出的频谱 $X_0(k)(0 \leq k \leq L-1)$ 实际上是 $X_1(e^{j\omega})$ 在 $[0, 2\pi)$ 区间上的 L 个等间隔采样,从而增加了可看见的谱线数目,从而显示出 $X_1(e^{j\omega})$ 更多细节,提高了谱图显示的分辨率。

4.1.3 利用 DFT 对连续时间信号进行频谱分析的参数选择

用 DFT 对连续信号进行谱分析时,着重要考虑的问题是频谱分析范围和频率分辨率。在大多数情况下,待分析连续时间信号的最高频率 f_c 已知;如果不是也可如前面所述通过预滤波将信号的最高频率进行限制。因此只对信号的频率分辨率 F 提出要求,以此作为出发点讨论频谱分析时参数的选择。

利用 DFT 对连续信号进行频谱分析时,涉及的参数包括采样频率 f_s、信号持续时间 T_p、计算 DFT 点数 N 等。

(1)采样频率 f_s

设连续时间信号 $x_a(t)$ 的最高信号频率为 f_c,根据时域采样定理,信号的采样频率 f_s 应满足条件:

$$f_s \geq 2f_c \tag{4.1.17}$$

对应的采样时间间隔 T 应满足条件:

$$T = \frac{1}{f_s} \leq \frac{1}{2f_c} \tag{4.1.18}$$

实际应用中为避免频谱混叠留有余量,通常选取:

$$f_s \geq (3 \sim 6)f_c \tag{4.1.19}$$

(2)信号持续时间 T_p

信号的持续时间 T_p,应满足频率分辨率 F 的要求,即:

$$T_p = \frac{1}{F} \tag{4.1.20}$$

该式表明,频率分辨率 F 与信号采样的持续时间 T_p 之间是反比关系,若希望得到较高的频率分辨率,则需要较长时间的持续采样(记录)信号。为保证满足频率分辨率的要求,应取 $T_p \geq \frac{1}{F}$。

(3)DFT 的点数 N

根据信号采样时间间隔 T 和信号采样持续时间 T_p,DFT 的点数 N 应满足:

$$N = \frac{T_p}{T} \geqslant \frac{2f_c}{F} \tag{4.1.21}$$

通常用序列末端补零的方法来减轻栅栏效应,使实际进行 DFT 计算的点数 $L \geqslant N$。为了使用基2-FFT算法,一般取 $N = 2^M$。若点数 N 已给定且不能再增加,可采用补零的方法使 N 为 2 的整次幂。

频率分辨率在信号谱分析中是一个非常重要的概念。它反映了将两根相邻谱线分开的能力,是分辨两个不同频率分量的最小间隔。因此将频域采样间隔 $F = \frac{f_s}{N} = \frac{1}{NT} = \frac{1}{T_p}$ 定义为频率分辨率。但要注意,由于对连续信号进行谱分析时要进行截断处理,所以频率分辨率实际上还与截断窗函数及时宽相关。因此有文献将 $F = \frac{f_s}{N}$ 称为"计算分辨率",即该分辨率是靠计算得出的,但它并不能反映真实的频率分辨能力。另一方面,将 $F = \frac{1}{T_p}$ 称为"物理分辨率",数据的有效长度越小,频率分辨能力越差。前面提到,补零是改善栅栏效应的一个方法,但不能提高频率分辨率,即得不到高分辨率谱。这说明,补零仅仅是提高了计算分辨率,得到的是高密度频谱,而要得到高分辨率谱,则要通过增加数据的记录长度 T_p 来提高物理分辨率。

通过前面的讨论可知,频率分辨率的概念和 DFT 紧密相连,频率分辨率的大小反比于数据的实际长度。在数据长度相同的情况下,使用不同的窗函数将在频谱的分辨率和频谱的泄露之间有着不同的取舍。窗函数的主瓣宽度主要影响分辨率,而旁瓣的大小影响了频谱的泄露。

例 4.1.1　试利用 DFT 分析连续时间信号 $x_a(t)$ 的频谱。已知该信号的最高频率 $f_c = 1\,000$ Hz,要求信号的频率分辨率 $F \leqslant 2$ Hz,DFT 的点数必须为 2 的整数次幂。请确定以下参数:最大的采样时间间隔、最小的信号持续时间和最少的 DFT 点数。

解　由式(4.1.18)可得最大的采样时间间隔:

$$T_{max} = \frac{1}{2f_c} = \frac{1}{2 \times 1\,000} = 0.5 \times 10^{-3}(\text{s})$$

由式(4.1.20)可得最小的信号持续时间:

$$T_{Pmin} = \frac{1}{F} = \frac{1}{2}\text{s}$$

由最大的采样时间间隔 T_{max} 和最小的信号持续时间 T_{pmin},可得最少的 DFT 点数为:

$$N \geqslant \frac{2f_c}{F} = \frac{2 \times 1\,000}{2} = 1\,000$$

选择 DFT 的点数 $L = 1\,024$,以满足其为最小的 2 的整数幂。

4.2　离散时间序列的频谱分析

我们已经知道,一个序列 $x(n)$ 的离散时间傅里叶变换(DTFT)就是它的频谱函数,即:

$$X(\mathrm{e}^{j\omega}) = \sum_{n=-\infty}^{\infty} x(n)\mathrm{e}^{-j\omega n} \tag{4.2.1}$$

假设 $x(n)$ 是有限长序列,其长度为 M,则该序列的 $N(N \geqslant M)$ 点 DFT 就是它的频谱函数在主值周期 $[0,2\pi)$ 上的 N 点等间隔取样,即:

$$X(k) = X(\mathrm{e}^{\mathrm{j}\omega}) \mid_{\omega = \frac{2\pi}{N}k} \tag{4.2.2}$$

由于 DFT 便于计算机运算,同时又有快速算法,再加上面两式的关系,所以常用 DFT 对有限长序列进行频谱分析。其步骤如下:

(1)根据数字频率分辨率要求,确定 DFT 计算的长度 N

在数字频率域,如果要求频率分辨率为 D,那么 N 点 DFT 计算对应的谱线间隔 $\frac{2\pi}{N}$ 应满足条件:

$$\frac{2\pi}{N} \leqslant D \tag{4.2.3}$$

从而计算长度 N 应满足条件:

$$N \geqslant \frac{2\pi}{D} \tag{4.2.4}$$

(2)计算 $x(n)$ 的 N 点 DFT,获取频谱分析结果和频谱图

可直接调用快速算法 FFT 计算 DFT,得到 N 点频谱值 $X(k)$,$k = 0,1,2 \cdots, N-1$,每一点 k 对应的数字频率为 $\omega_k = \frac{2\pi}{N}k$ 弧度。

$X(k)$ 对应频谱函数在 $[0,2\pi)$ 频率区间上的 N 点等间隔抽样。对 $X(k)$ 重新排序,将后半部分移至前面并将下标减去 N 得到:

$$X(k) = \left\{ X\left(-\frac{N}{2}\right), X\left(-\frac{N}{2}+1\right), \cdots, X(-1), X(0), X(1), \cdots, X\left(\frac{N}{2}-1\right) \right\} \tag{4.2.5}$$

按此排列顺序画出的谱线图将对应 $X(\mathrm{e}^{\mathrm{j}\omega})$ 在 $[-\pi,\pi)$ 频率区间的 N 个等间隔抽样值,这更符合实际频谱图。此时的每个下标 k 对应的数字频率为 $\omega_k = \pm \frac{2\pi}{N}k, k = 0,1,2,\cdots,\frac{N}{2}-1$。绘图时横坐标用 ω 表示,则得到的是 $X(\mathrm{e}^{\mathrm{j}\omega})$ 经过抽样后的谱线图。而每个样点谱线由 DFT 计算完成。

如果 $x(n)$ 是无限长序列,作谱分析时首先应将 $x(n)$ 进行截断使其成为有限长序列,然后用 DFT 作谱分析计算,步骤同上。

4.3 周期信号的频谱分析

对于模拟周期信号,经过时域抽取可得到离散时间序列。如果抽取过程中保证每个模拟信号周期内抽取相同的样点数,则得到的序列必为周期序列。

用 DFT 对周期信号进行谱分析时,首先要将无限长的周期信号截断成有限长。值得注意的是,截断时要确保信号截取长度应是信号周期的整数倍,才能确保得到正确的频谱分析结果。下面进行原理分析和公式推导。

假设 $\tilde{x}_a(t)$ 是模拟周期信号,其周期为 T。现以抽样间隔为 T_s 对 $\tilde{x}_a(t)$ 进行等间隔抽样,

且要求 $T/T_s = N$（整数），则得到的序列 $\tilde{x}(n)$ 为周期序列，其周期为 N。

对 $\tilde{x}_a(t)$ 进行傅里叶级数展开可得：

$$\tilde{x}_a(t) = \sum_{k=-\infty}^{\infty} X_a(k\Omega_0) e^{jk\Omega_0 t} \tag{4.3.1}$$

式中，$\Omega_0 = \dfrac{2\pi}{T}$ 为周期信号的基波角频率，系数 $X_a(k\Omega_0)$ 即为 $\tilde{x}_a(t)$ 的频谱，它由基波和各次谐波组成。

周期序列 $\tilde{x}(n)$ 的傅里叶分析为离散傅里叶级数：

$$\tilde{x}(n) = \frac{1}{N} \sum_{k=0}^{N-1} \tilde{X}(k) W_N^{-nk} \tag{4.3.2}$$

其系数 $\tilde{X}(k)$ 代表着它的频谱，主周期内的系数 $\tilde{X}(k)$（$k = 0, 1, \cdots, N-1$）即为该周期序列的 N 条谱线：

$$\tilde{X}(k) = \sum_{n=0}^{N-1} \tilde{x}(n) W_N^{nk} \tag{4.3.3}$$

对 $\tilde{x}(n)$ 截取主周期得到一个有限长序列：

$$x(n) = \tilde{x}(n) R_N(n) \tag{4.3.4}$$

对 $x(n)$ 进行 N 点 DFT 计算，得到：

$$X(k) = \sum_{n=0}^{N-1} \tilde{x}(n) W_N^{nk} = \tilde{X}(k) R_N(k) \tag{4.3.5}$$

因此，对 $\tilde{x}(n)$ 作频谱分析，就是截取 $\tilde{x}(n)$ 的主周期并进行 N 点 DFT 计算，用所得结果 $X(k)$ 代替 $\tilde{X}(k)$ 表示 $\tilde{x}(n)$ 的频谱。

如果 $\tilde{x}(n)$ 是由 $\tilde{x}_a(t)$ 抽样而得，令 $t = nT_s$ 代入式（4.3.1）

$$
\begin{aligned}
\tilde{x}(n) = \tilde{x}_a(t)\big|_{t=nT_s} &= \sum_{k=-\infty}^{\infty} X_a(k\Omega_0) e^{jk\Omega_0 nT_s} \\
&= \sum_{k=-\infty}^{\infty} X_a(k\Omega_0) W_N^{-kn} \quad (W_N = e^{-j\frac{2\pi}{N}}) \\
&= \sum_{k=0}^{N-1} \sum_{l=-\infty}^{\infty} X_a\big[(k-lN)\Omega_0\big] W_N^{-kn}
\end{aligned}
\tag{4.3.6}
$$

对比式（4.3.2）和（4.3.6）可知：$\tilde{X}(k)$ 是 $X_a(k\Omega_0)$ 以 N 为周期延拓的结果。

如果 $\tilde{x}_a(t)$ 的频谱不是有限带宽或者 T_s 不满足取样定理，那么经过抽样后必将产生频谱混叠，从而导致谱分析误差。相反，如果 T_s 满足取样定理，从而不存在频谱混叠的话，那么 $\tilde{X}(k)$ 的主值周期就将完全代表 $\tilde{x}_a(t)$ 的离散谱线，同样通过时域信号的整周期截断和 DFT 计算即可获得 $\tilde{x}_a(t)$ 的频谱图，完成对周期连续信号的频谱分析。

例 4.3.1　假设模拟周期信号 $x_a(t) = \cos(2\pi f t + \varphi)$，式中 $f = 2$ kHz，$\varphi = \pi/4$，试用 DFT 分析它的频谱。

解 这是一个周期信号,信号的周期 $T = 1/f = 0.5$ ms。根据采样定理,其最小采样频率 $f_{smin} \geq 4$ kHz。现取 $f_s = 16$ kHz,测试时间为一个周期即 0.5 ms,采样点数 $N = 16$ kHz/2 kHz = 8,也就是说在一个周期进行等间隔 8 点采样,得到的序列用下式表示:

$$x(n) = x_a(nT_s) = \cos(2\pi f n T_s + \varphi)$$

式中,采样间隔 $T_s = 1/f_s$,$2\pi f T_s = \pi/4$,代入上式得到:

$$x(n) = \cos\left(\frac{\pi}{4}n + \frac{\pi}{4}\right) \qquad n = 0,1,2,3,\cdots,7$$

对上式可以进行 8 点的 DFT 计算,得到 $X(k)$,它的幅度曲线如图 4.3.1(a)所示。8 点的数字频率为 $\omega_i = 2\pi i/8$,$i = 0,1,2,\cdots,7$;对应的模拟频率为 $f_i = \omega_i f_s/2\pi = 2i$ kHz。当 $i = 0,1,2,\cdots,7$ 时,具体的模拟频率为 $f_i = 0,2,4,\cdots,14$ kHz。信号刚好处于 $f = 2$ kHz($k = 1$)的谱线上。

如果对该周期信号不按照周期的倍数截取,假设取 0.75 ms,仍按 $f_s = 16$ kHz 进行采样,共采样 12 点,作 12 点 DFT,得到 $X(k)$ 的幅度曲线如图 4.3.1(b)所示。由图中看到频谱图不再是一条谱线,和理论结果有较大的差别,如果用该波形确定余弦的频率,则只能进行估计。由计算结果知,$k = 1$ 的模拟频率是 $f = 1.33$ kHz,$k = 2$ 的模拟频率是 $f = 2.67$ kHz,如果用最大幅度值确定,则 $f = 2.67$ kHz,显然误差很大。这种现象就是长序列截断后形成的截断效应,它会给频谱分析带来误差。

实际应用中,如果只知道信号是周期的但不知道周期的大小,可以选取较长一点的记录时间,这样就可以减小截断效应的影响。例如该题中以同样的取样间隔继续取样至 $N = 44$ 点,计算结果的到的幅度谱如图 4.3.1(c)所示。虽然由于时域的截断仍不是信号周期的整数倍,导致频谱不是理想的单根线,但此时截断效应的影响明显减小。通过计算,$k = 5$ 的模拟频率是 $f = 1.82$ kHz,$k = 6$ 的模拟频率是 $f = 2.18$ kHz,如果用最大幅度值确定,则 $f = 2.18$ kHz,显然这一结果比取 12 点计算时更接近真实值。

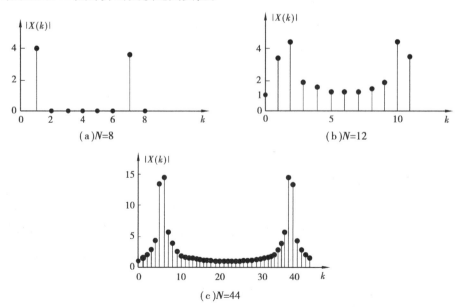

图 4.3.1 截断效应对频谱分析的影响

4.4　序列的相关和功率谱分析

实际工作中经常要研究两个信号波形的相似程度,利用相似性来提取信号中有用的信息。对信号的相关序列也可以进行频谱分析,从而了解信号更多的特征和获取需要的信息。

4.4.1　相关函数的定义与性质

(1)定义

设 $x(t)$ 和 $y(t)$ 是两个连续时间信号,则:

$$R_{xy}(\tau) = \int_{-\infty}^{\infty} x(t)y(t + \tau)\,\mathrm{d}t \tag{4.4.1}$$

式(4.4.1)称为 $x(t)$ 与 $y(t)$ 的互相关函数。为了计算方便,我们将信号取离散形式,即 $x(n)$,$y(n)$,然后用数字的方法对它们进行处理。因此定义:

$$R_{xy}(n) = \sum_{k=-\infty}^{\infty} x(k)y(k + n) \tag{4.4.2}$$

式(4.4.2)为离散序列 $x(n)$ 与 $y(n)$ 的离散互相关序列,简称互相关序列。

式(4.2.2)表明:$R_{xy}(n)$ 是序列 $x(k)$ 不动而序列 $y(k)$ 左移 n 个单位,然后与 $x(k)$ 对应相乘再求和的结果。需注意的是 $R_{yx}(n) \neq R_{xy}(n)$,此点由下面相关函数的性质可以得到证明。

如果 $y(n) = x(n)$,则上面定义的互相关序列应变成自相关序列,即:

$$R_{xx}(n) = \sum_{k=-\infty}^{\infty} x(k)x(k + n) \tag{4.4.3}$$

自相关序列 $R_{xx}(n)$ 常简写为 $R_x(n)$,它反映了信号 $x(n)$ 自身波形上的相似程度或关联程度。

以上定义是针对能量信号而言的,即 $x(n)$ 的总能量 $E = \sum_{n=-\infty}^{\infty} |x(n)|^2$ 为有限值的那一类信号。如果 $x(n)$ 是功率信号,即信号在一个区间 $(-N \sim N)$ 的平均功率 $P = \lim_{N\to\infty} \frac{1}{2N+1} \sum_{n=-N}^{N} |x(n)|^2$ 为有限值。此时定义功率信号的互相关和自相关序列:

$$R_{xy}(n) = \lim_{N\to\infty} \frac{1}{2N+1} \sum_{k=-N}^{N} x(k)y(k + n) \tag{4.4.4}$$

$$R_x(n) = \lim_{N\to\infty} \frac{1}{2N+1} \sum_{k=-N}^{N} x(k)x(k + n) \tag{4.4.5}$$

(2)自相关序列的性质

①$R_x(n) = R_x(-n)$,即 $R_x(n)$ 为偶函数。由于:

$$R_x(-n) = \sum_{k=-\infty}^{\infty} x(k)x(k - n) = \sum_{k=-\infty}^{\infty} x(k-n)x(k) = \sum_{k=\infty}^{\infty} x(k)x(k + n) = R_x(n)$$

所以 $\qquad\qquad\qquad\qquad R_x(n) = R_x(-n) \tag{4.4.6}$

②$R_x(0) \geqslant R_x(n)$,即 $R_x(n)$ 在 $n = 0$ 时取得最大值。因为:

$$\sum_{k=-\infty}^{\infty} \left[x(k) \pm x(k+n) \right]^2 \geq 0$$

所以
$$\sum_{k=-\infty}^{\infty} x^2(k) + \sum_{k=-\infty}^{\infty} x^2(k+n) \geq \pm 2 \sum_{k=-\infty}^{\infty} x(k)x(k+n)$$

即
$$R_x(0) \geq \pm R_x(n)$$

故
$$R_x(0) \geq |R_x(n)| \qquad (4.4.7)$$

③若 $x(n)$ 为能量信号,则当 $|n| \to \infty$ 时,有:
$$\lim_{|n| \to \infty} R_x(n) \to 0 \qquad (4.4.8)$$

式(4.4.8)说明,当能量有限信号随着时移量 n 逐渐增加时,两者之间便逐渐变得不相关。

④周期信号的自相关序列也是周期的,且和原信号的周期相同。

因为若 $x(k) = x(2N+1+k)$

则
$$R_x(n+2N+1) = \lim_{N \to \infty} \frac{1}{2N+1} \sum_{k=-N}^{N} x(k)x(k+n+2N+1)$$
$$= \lim_{N \to \infty} \frac{1}{2N+1} \sum_{k=-N}^{N} x(k)x(k+n) = R_x(n) \qquad (4.4.9)$$

(3)互相关序列的性质

① $R_{xy}(n) = R_{yx}(-n)$ $\qquad (4.4.10)$

证明: $R_{yx}(-n) = \sum_{k=-\infty}^{\infty} y(k)x(k-n) = \sum_{k=-\infty}^{\infty} x(k-n)y(k) = \sum_{k=-\infty}^{\infty} x(k)y(k+n) = R_{xy}(n)$

② $|R_x(n)| \leq \sqrt{R_x(0)R_y(0)}$ $\qquad (4.4.11)$

证明:由施瓦兹(Schwarz)不等式有:

$$|R_x(n)| = \left| \sum_{k=-\infty}^{\infty} x(k)y(k+n) \right| \leq \sqrt{\sum_{k=-\infty}^{\infty} x^2(k) \sum_{k=-\infty}^{\infty} y^2(k+n)} = \sqrt{R_x(0)R_y(0)}$$

③若 $x(n)$、$y(n)$ 都是能量有限信号,则有 $\lim_{|n| \to \infty} R_{xy}(n) = 0$ $\qquad (4.4.12)$

例 4.4.1 设 $x(n) = e^{-n}, n = 0, 1, 2, \cdots$,试求其自相关函数 $R_x(n)$。

解 $R_x(n) = \sum_{k=0}^{\infty} e^{-k} e^{-(k+n)}$

当 $n > 0$ 时,$n = |n|$,有:
$$R_x(n) = \sum_{k=0}^{\infty} e^{-|n|} e^{-2k} = e^{-|n|} \sum_{k=0}^{\infty} e^{-2k} = e^{-|n|} \frac{1}{1-e^{-2}}$$

当 $n < 0$ 时,$n = -|n|$,有:
$$R_x(n) = \sum_{k=|n|}^{\infty} e^{|n|} e^{-2k} = e^{|n|} \sum_{k=|n|}^{\infty} e^{-2k} = e^{|n|} \frac{e^{-2|n|}}{1-e^{-2}} = \frac{e^{-|n|}}{1-e^{-2}}$$

综合得:$R_x(n) = \dfrac{e^{-|n|}}{1-e^{-2}}$

4.4.2 相关与卷积的关系

已知信号 $x(n)$ 和 $y(n)$ 的卷积定义为:

$$x(n) * y(n) = \sum_{k=-\infty}^{\infty} x(k)y(n-k) = \sum_{k=-\infty}^{\infty} x(n-k)y(k) \tag{4.4.13}$$

$x(n)$ 和 $y(n)$ 的相关则为:

$$R_{xy}(n) = \sum_{k=-\infty}^{\infty} x(k)y(k+n) = \sum_{k=-\infty}^{\infty} x(k-n)y(k)$$

$$= \sum_{k=-\infty}^{\infty} x(-(n-k))y(k) = x(-n) * y(n) \tag{4.4.14}$$

所以有:

$$R_{xy}(n) = x(-n) * y(n) \tag{4.4.15}$$

$$R_x(n) = x(-n) * x(n) \tag{4.4.16}$$

根据以上两式,我们便可以利用计算卷积的方法来计算相关序列。需要注意的是,利用卷积计算相关时,计算之前需先将一个序列翻转,然后再计算。

4.4.3 序列的能量谱与功率谱

(1)相关定理

设 $x(n)$ 和 $y(n)$ 都是能量信号,其傅里叶变换分别为 $X(e^{j\omega})$ 和 $Y(e^{j\omega})$。令 $R_{xy}(n)$ 是 $x(n)$ 和 $y(n)$ 的互相关序列,$G_{xy}(e^{j\omega})$ 是 $R_{xy}(n)$ 的傅里叶变换,则有:

$$G_{xy}(e^{j\omega}) = X^*(e^{j\omega})Y(e^{j\omega}) \tag{4.4.17}$$

证明: $G_{xy}(e^{j\omega}) = \sum_{n=-\infty}^{\infty} R_{xy}(n)e^{-j\omega n} = \sum_{n=-\infty}^{\infty} \left[\sum_{k=-\infty}^{\infty} x(k)y(k+n)\right] e^{-j\omega n}$

$$= \sum_{k=-\infty}^{\infty} x(k)e^{j\omega k} \sum_{n=-\infty}^{\infty} y(k+n)e^{-j(k+n)\omega} = X^*(e^{j\omega})Y(e^{j\omega})$$

证毕。

同理,若令 $G_x(e^{j\omega})$ 是 $R_x(n)$ 的傅里叶变换,则有:

$$G_x(e^{j\omega}) = X^*(e^{j\omega})X(e^{j\omega}) = |X(e^{j\omega})|^2 \tag{4.4.18}$$

上式说明,能量信号 $x(n)$ 的自相关序列与其频谱的模平方函数是一对傅里叶变换,即:

$$|X(e^{j\omega})|^2 = \sum_{n=-\infty}^{\infty} R_x(n)e^{-j\omega n} \tag{4.4.19}$$

$$R_x(n) = \frac{1}{2\pi}\int_{-\pi}^{\pi} |X(e^{j\omega})|^2 e^{j\omega n} d\omega \tag{4.4.20}$$

(2)能量谱与功率谱

对于能量信号 $x(n)$,若令式(4.4.20)的自相关序列 $R_x(n)$ 中的 $n=0$,则有:

$$R_x(0) = \frac{1}{2\pi}\int_{-\pi}^{\pi} |X(e^{j\omega})|^2 d\omega$$

另由相关序列的定义有:

$$R_x(0) = \sum_{k=-\infty}^{\infty} x^2(k)$$

它同时表示信号 $x(n)$ 的总能量 E,故有:

$$E = R_x(0) = \sum_{k=-\infty}^{\infty} x^2(k) = \frac{1}{2\pi}\int_{-\pi}^{\pi} |X(e^{j\omega})|^2 d\omega = \frac{1}{2\pi}\int_{-\pi}^{\pi} G_x(e^{j\omega}) d\omega \tag{4.4.21}$$

上式即为著名的帕斯瓦尔(Parseval)定理,它说明信号 $x(n)$ 在时域的总能量等于其在频域的总能量,并且就等于其自相关函数在 $n=0$ 时的值。由此可见,其傅里叶变换后信号的能量保持不变,这体现了能量守恒定律。

由于 $G_x(\mathrm{e}^{\mathrm{j}\omega})$ 反映了信号的能量在频域的分布,因此称它为信号的能量密度谱,简称能量谱。显然,能量谱是 ω 的非负的实偶函数。

由式(4.4.18)、式(4.4.19)知,能量有限信号的自相关序列与能量谱之间也是一对傅里叶变换关系。对于功率信号 $x(n)$,其自相关序列 $R_x(n)$ 的傅里叶变换为:

$$\sum_{n=-\infty}^{\infty} R_x(n)\mathrm{e}^{-\mathrm{j}\omega n} = \sum_{n=-\infty}^{\infty} \left\{ \lim_{N\to\infty} \frac{1}{2N+1} \sum_{k=-N}^{N} x(k)x(k+n) \right\} \mathrm{e}^{-\mathrm{j}\omega n}$$

$$= \lim_{N\to\infty} \frac{1}{2N+1} \sum_{k=-N}^{N} x(k)\mathrm{e}^{\mathrm{j}\omega k} \sum_{n=-\infty}^{\infty} x(k+n)\mathrm{e}^{-\mathrm{j}\omega(k+n)}$$

$$= \lim_{N\to\infty} \frac{1}{2N+1} \sum_{k=-N}^{N} x(k)\mathrm{e}^{\mathrm{j}\omega k} \sum_{m=-N}^{N} x(m)\mathrm{e}^{-\mathrm{j}\omega m}$$

上式中 m 的变化范围由 $-N$ 到 N,这是由 $x(n)$ 的取值范围所确定。令 $|X_{2N}(\mathrm{e}^{\mathrm{j}\omega})|^2$ 是有限长序列 $x_{2N}(n)$ 的能量谱。$x_{2N}(k)$ 是由 $x(k)$ 截短后所得,即:

$$x_{2N}(k) = \begin{cases} x(k), & |k| \leqslant N \\ 0, & |k| > N \end{cases}$$

则有
$$\sum_{n=-\infty}^{\infty} R_x(n)\mathrm{e}^{-\mathrm{j}\omega n} = \lim_{N\to\infty} \frac{1}{2N+1} \sum_{k=-\infty}^{\infty} x_{2N}(k)\mathrm{e}^{\mathrm{j}\omega n} \sum_{m=-\infty}^{\infty} x_{2N}(m)\mathrm{e}^{-\mathrm{j}\omega m}$$

$$= \lim_{N\to\infty} \frac{1}{2N+1} X_{2N}^*(\mathrm{e}^{\mathrm{j}\omega}) X_{2N}(\mathrm{e}^{\mathrm{j}\omega}) = \lim_{N\to\infty} \frac{|X_{2N}(\mathrm{e}^{\mathrm{j}\omega})|^2}{2N+1} \qquad (4.4.22)$$

如果上式的极限存在,则称:

$$P(\mathrm{e}^{\mathrm{j}\omega}) = \lim_{N\to\infty} \frac{|X_{2N}(\mathrm{e}^{\mathrm{j}\omega})|^2}{2N+1} \qquad (4.4.23)$$

为功率信号 $x(n)$ 的功率谱密度,简称功率谱。$P(\mathrm{e}^{\mathrm{j}\omega})$ 也是 ω 的非负实偶函数。由式(4.4.22)、式(4.4.23)可得:

$$P(\mathrm{e}^{\mathrm{j}\omega}) = \sum_{n=-\infty}^{\infty} R_x(n)\mathrm{e}^{-\mathrm{j}\omega n} \qquad (4.4.24)$$

由此可知,功率信号的自相关序列与其功率谱是一对傅里叶变换,此结论称为维纳-辛钦(Wiener-khintchine)定理,它在随机信号分析和处理中具有重要地位。

习　题

1. 计算序列 $x(n) = \{1,1,-1,-1\}$ 的 DFT。

2. 计算序列 $x(n) = \{1,1,-1,-1,0,0,\cdots\}$ 的 Z 变换,并计算它在 $\omega=0,\dfrac{\pi}{2},\pi,\dfrac{3\pi}{2}$ 处的频谱,它与上题中算出的 DFT 相同吗?

3. 在计算一个序列的频谱时,已知在频谱中有两个峰,每个峰的宽度为 2rad,它们相距

10rad,为使矩形窗的主瓣比这些峰距更窄,应取的点数是多少?

4.3 题中,如果两个峰相距 0.5rad,则为了检测出这两个峰,所需的数据点最少是多少?

5. 求 $x_a(t) = e^{-0.1t}, t \geq 0$ 的频谱,再求 $x(n) = e^{-0.1nT}, T = 0.75, n = 0, 1, 2, \cdots$ 的频谱,其混叠效应明显吗? 如果混叠明显该如何改进?

6. 求 $x(n) = e^{-0.5nT}, T = 0.75, n = 0, 1, \cdots 7$ 的 DFT,它与上题所得结果的近似程度如何?

7. 试计算序列 $x(n) = \{0, 1, 2, \cdots N-1\}$ 的自相关序列,能量谱及总能量。

8. 已知某序列的自相关函数为:

$$R(n) = \begin{cases} n, & |n| \leq N \\ 0, & |n| > N \end{cases}$$

试求此序列的功率谱。

9. 已知某序列的功率谱为 $P_x(\omega) = 1 + \cos \omega$,试求其自相关序列和平均功率。

第 **5** 章

数字滤波器的设计与实现

5.1 概 述

在前面几章我们已经熟悉了数字信号处理的基本理论,本章将着重阐述数字滤波器的设计。

滤波通常通过某种运算或变换关系,改变输入信号中所含频率分量的相对比例,从而达到选取或滤除某些频率成分的目的。数字滤波器的功能就是把输入序列通过一定的运算变换成输出序列。其实现方法有两种:一种是滤波功能由计算机软件实现,即将要完成的算法编写成程序由计算机执行;二是利用专用数字信号处理(DSP)芯片、专用数字信号处理硬件或通用的数字信号处理器来实现算法。如果待处理的是模拟信号,可以通过 A/D 在信号形式上进行转换,利用数字滤波器处理后再经过 D/A 恢复为模拟信号。数字滤波器有不同的分类方法,主要有两大类:一类是经典滤波器,即选频滤波器,其特点是输入信号中有用信号的频率与干扰信号的频带不同,利用选频滤波器的特性提取有用的信号频率分量。另一类是现代滤波器,因为当信号与干扰的频谱相互重叠时,利用选频滤波器无法提取有用的信号,而现代滤波器是利用各类随机信号的统计特性,可从干扰中提取有用信号。本书重点讨论经典滤波器。

与模拟滤波器类似,通常情况下的数字滤波器性能指标是由频域的模频特性给出的,它也有低通、高通、带通、带阻滤波器,如图 5.1.1 所示。与模拟滤波器不同的是,由于序列的傅里叶变换以 2π 为周期,故数字滤波器的频响也有这种周期性。低通滤波器的通带处于 0 或 2π 的整数倍频率附近,高通滤波器则处于 π 的奇数倍频率附近。

在规定滤波器技术指标时,考虑实现的可能性,与理想滤波器相比允许有一定的偏差。容许偏差的极限称为容限。滤波器性能指标、技术要求可以用容限图表示。例如图 5.1.2 为一般低通滤波器的幅频特性图。由图可见:通带内, $|H(e^{j\omega})| \cong 1$,误差为 $\pm\delta_1$,即 $|\omega| \leqslant \omega_p$ 时, $1-\delta_1 \leqslant |H(e^{j\omega})| \leqslant 1+\delta_1$;阻带内, $|H(e^{j\omega})| \cong 0$,误差为 δ_2 ,即 $\omega_s \leqslant \omega \leqslant \pi$ 时, $|H(e^{j\omega})| \leqslant \delta_2$ 。 ω_p 与 ω_s 之间是过渡带, $|H(e^{j\omega})|$ 平滑地从通带下降到阻带。当 $h(n)$ 为实数序列时,其傅里叶变换的模频特性 $|H(e^{j\omega})|$ 是 ω 的偶函数,所以一般只描述 $0 \sim \pi$ 区间的幅频特性,就可确定滤波器频响的幅度要求。

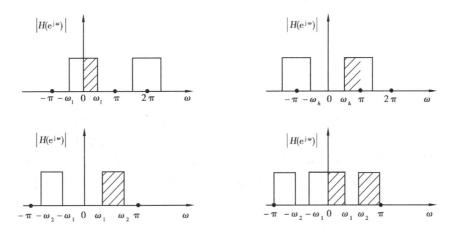

图 5.1.1　各类数字滤波器的幅度特性

对于图 5.1.2,虽然给出了通带的误差 $\pm\delta_1$ 和阻带的误差 δ_2,但是在具体技术指标中我们通常使用通带最大衰减 α_p 及阻带最小衰减 α_s 表示,其定义为:

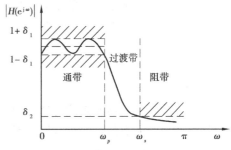

$$\alpha_p = 20 \lg \frac{|H(e^{j0})|}{|H(e^{j\omega_p})|} dB \qquad (5.1.1)$$

$$\alpha_s = 20 \lg \frac{|H(e^{j0})|}{|H(e^{j\omega_s})|} dB \qquad (5.1.2)$$

如果 $20 \lg \dfrac{|H(e^{j0})|}{|H(e^{j\omega_c})|} dB = 3$ dB ,则称 ω_C 为

3 dB 截止频率。

图 5.1.2　模拟低通滤波器容限图

滤波器的频率除了幅度特性外,还有相位特性。一般对相位特性无过多的要求,只要保证滤波器稳定就行。但在有些特殊场合,对相位的性质有要求,如线性相位特性就要求 $\theta(\omega) = -\omega\tau$,$\tau$ 为时延常数。

由前面所学可知,数字滤波器可用常系数线性差分方程:

$$y(n) = \sum_{k=0}^{M} b_k x(n-k) + \sum_{k=1}^{N} a_k y(n-k) \qquad (5.1.3)$$

来描述,其系统函数为:

$$H(z) = \frac{\displaystyle\sum_{k=0}^{M} b_k z^{-k}}{1 - \displaystyle\sum_{k=1}^{N} a_k z^{-k}} \qquad (5.1.4)$$

数字滤波器按其单位采样响应长度可分为有限冲激响应(FIR)滤波器和无限冲激响应滤波器(IIR)两类。按照滤波器的实现方式又可分为递归滤波器和非递归滤波器两类。式(5.1.3)中,若 $a_k = 0(k = 1,\cdots,N)$,该滤波器为 FIR 滤波器;若 $a_k \neq 0(k = 1,\cdots,N)$,该滤波器为 IIR 滤波器。一般情况下,递归滤波器对应于 IIR 滤波器,非递归滤波器对应于 FIR 滤波器。

数字滤波器的设计目标是求出符合要求的系统函数 $H(z)$,使滤波器的响应满足预先规定的技术指标。当然相同的技术指标既可以用 IIR 系统实现,也可以由 FIR 系统实现,下面分别予以讨论。

5.2 IIR 数字滤波器的设计

IIR 数字滤波器的单位脉冲响应是无限的,而所有的模拟滤波器一般都具有无限长的单位脉冲响应,因此它与模拟滤波器相匹配。现今,模拟滤波器的理论和设计方法已发展得相当成熟,有典型的模拟滤波器供选择,如巴特沃斯(Butterworth)模拟滤波器、切比雪夫(Chebyshev)模拟滤波器、椭圆(Cauer)模拟滤波器等,可以根据滤波器各自特点,用相应的公式,按规定的指标设计出模拟滤波器。但是,只有低通模拟滤波器的设计是现成的,而要设计其他的高通、带通或带阻滤波器,需要对低通滤波器进行频带变换得到。

IIR 数字滤波器设计的基本技术就是利用复变函数映射把已知的模拟滤波器转换成数字滤波器。利用模拟滤波器设计数字滤波器的设计步骤如下:

①技术指标的确定。将要设计的数字滤波器的技术指标按一定规则转换为模拟低通滤波器的技术指标。如果要设计的不是数字低通滤波器,则需将变换所得的相应的(高通、带通、带阻)模拟滤波器的技术指标变换成模拟低通滤波器的技术指标。因为只有模拟低通滤波器的设计表格是成熟的,可供利用。

②设计模拟低通滤波器传递函数 $H_a(s)$。根据转换后的技术指标设计模拟滤波器的传递函数 $H_a(s)$。

③设计数字滤波器的系统传递函数 $H(z)$。按步骤①中的变换规则将模拟滤波器的传递函数最终变换成所需的数字滤波器的系统函数 $H(z)$。

下面我们对这些步骤进行详细阐述。

5.2.1 模拟低通 IIR 滤波器的设计

(1)巴特沃思(Butterworth)滤波器

1)巴特沃思滤波器的数学模型

巴特沃思滤波器是一种全极点滤波器,也称最平幅度特性滤波器,其模平方函数为:

$$|H_a(j\Omega)|^2 = \frac{1}{1 + |K(j\Omega)|^2} = \frac{1}{1 + (\Omega/\Omega_c)^{2N}} \tag{5.2.1}$$

巴特沃思滤波器的模平方函数如图 5.2.1 所示。

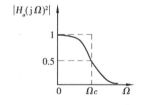

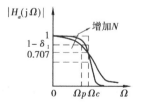

图 5.2.1 巴特沃思滤波器的模平方函数　　图 5.2.2 巴特沃思滤波器的模频特性与阶数 N 的关系

由式(5.2.1)得到的巴特沃思滤波器的模频特性为:

$$|H_a(j\Omega)| = \frac{1}{\sqrt{1 + (\Omega/\Omega_c)^{2N}}} \tag{5.2.2}$$

式中,N 是滤波器的阶数,Ω_c 是 3 dB 截止频率。

阶数不同的巴特沃思滤波器的模频特性如图 5.2.2 所示,该特性具有以下特点:

①$\Omega = 0$ 时,N 阶巴特沃思滤波器的 $|H_a(j\Omega)|^2$ 的前 $2N-1$ 阶导数为零,且 $|H_a(j\Omega)| = 1$,因此巴特沃思滤波器在 $\Omega = 0$ 附近幅频特性都是平直的,在通带内有最大平坦的幅度特性,此即为"最平幅度滤波器"的由来。

②$\Omega = \Omega_c$ 时,$|H_a(j\Omega)|^2 = \dfrac{1}{2}$,$|H_a(j\Omega)| = \dfrac{1}{\sqrt{2}}$,$-20\lg\left|\dfrac{H_a(jo)}{H_a(j\Omega_c)}\right| = -3$ dB,所以 Ω_c 是滤波器的半功率点或幅频特性 -3 dB 点。随着 N 的增加,通带边缘变化加快,幅频特性更逼近理想特性。即不论 N 取多少,幅频特性曲线都要通过 -3 dB 点。

③$\Omega > \Omega_c$ 时,随 Ω 增加 $|H_a(j\Omega)|^2$ 单调下降。

由式(5.2.1)可知,只要确定了 3 dB 截止频率 Ω_c 和滤波器阶数 N,巴特沃思滤波器的系统函数就确定了。

2)截止频率 Ω_c 和滤波器阶数 N 的确定

由于衰减指标可表示为:

$$|H_a(j\Omega_p)|^2 = 10^{-0.1\alpha_p} \qquad (5.2.3a)$$

$$|H_a(j\Omega_s)|^2 = 10^{-0.1\alpha_s} \qquad (5.2.3b)$$

将式(5.2.2)带入上式整理后得:

$$\left(\frac{\Omega_p}{\Omega_c}\right)^{2N} = 10^{0.1\alpha_p} - 1 \qquad (5.2.4a)$$

$$\left(\frac{\Omega_s}{\Omega_c}\right)^{2N} = 10^{0.1\alpha_s} - 1 \qquad (5.2.4b)$$

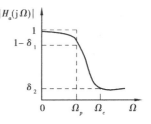

图 5.2.3　低通滤波器的幅频特性

从而可得到:

$$(\Omega_p/\Omega_s)^N = \sqrt{(10^{0.1\alpha_p} - 1)/(10^{0.1\alpha_s} - 1)}$$

最后得到:

$$N = \frac{\lg\sqrt{\dfrac{10^{0.1\alpha_p} - 1}{10^{0.1\alpha_s} - 1}}}{\lg(\Omega_p/\Omega_s)} = \frac{\lg\sqrt{\dfrac{1/(1-\delta_1)^2 - 1}{1/\delta_2 - 1}}}{\lg(\Omega_p/\Omega_s)} \qquad (5.2.5)$$

由上式求出的 N 可能不是整数,通常取大于等于 N 的最小正整数,代入方程(5.2.4)可得到:

$$\Omega_c = \Omega_p(10^{0.1\alpha_p} - 1)^{-\frac{1}{2N}} \qquad (5.2.6a)$$

$$\Omega_c = \Omega_s(10^{0.1\alpha_s} - 1)^{-\frac{1}{2N}} \qquad (5.2.6b)$$

若用式(5.2.6a)确定 Ω_c,可使阻带指标得到改善;若式(5.2.6b)确定 Ω_c,可使通带指标得到改善。确定了 N、Ω_c,就可以求出巴特沃思滤波器系统函数 $H_a(s)$。

3)系统函数 $H_a(s)$ 的确定

由于滤波器冲激响应 $h(t)$ 是实函数时,$H_a(j\Omega)$ 具有共轭对称性,则有 $H_a^*(j\Omega) = H_a(-j\Omega)$,因此:

$$H_a(s)H_a(-s) = \frac{1}{1 + (j\Omega/j\Omega_c)^{2N}}\bigg|_{j\Omega = s} = \frac{1}{1 + (s/j\Omega_c)^{2N}} = \frac{(j\Omega_c)^{2N}}{s^{2N} + (j\Omega_c)^{2N}} \quad (5.2.7)$$

上式分母多项式的特征方程为 $s^{2N} + (j\Omega_c)^{2N} = 0$，它的根就是系统的极点，即 $s^{2N} = (j\Omega_c)^{2N} = 0$。故特征方程的 $2N$ 个根为：

$$p_k = (j\Omega_c) \cdot (-1)^{\frac{1}{2N}} = \Omega_c e^{\frac{j\pi(2k+N+1)}{2N}} \quad k = 0,1,\cdots,2N-1 \tag{5.2.8}$$

由上式需注意以下几点：

①$H_a(s)H_a(-s)$ 有 $2N$ 个极点，以 π/N 为间隔均匀分布在半径为 Ω_c 的圆周上，这个圆称为巴特沃思圆。

②所有极点关于虚轴对称，且虚轴上无极点。

③该滤波器没有零点。

④当 N 为奇数时，实轴上有极点，极点从 Ω_c 开始以 π/N 为间隔分布。极点为 $p_k = \Omega_c e^{j\frac{2\pi}{2N}k} = \Omega_c e^{j\frac{\pi}{N}k}$，$k = 0,1,\cdots,2N-1$

⑤当 N 为偶数时，实轴上没有极点，极点从 $\Omega_c e^{-j\frac{\pi}{2N}}$ 开始以 π/N 为间隔分布。极点为 $p_k = \Omega_c e^{j\frac{2k+1}{2N}\pi} = \Omega_c e^{j\frac{\pi}{2N}} e^{j\frac{k}{N}\pi}$，$k = 0,1,\cdots,2N-1$，图 5.2.4 给出了 $N = 1 \sim 4$ 时 $H_a(s)H_a(-s)$ 的极点分布情况。

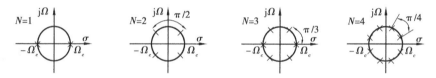

图 5.2.4　$H_a(s)H_a(-s)$ 的极点分布情况

由巴特沃思圆上的 $2N$ 个极点，得到：

$$H_a(s)H_a(-s) = \frac{k_0'}{\prod\limits_{k=1}^{2N}(s-p_k)} \tag{5.2.9}$$

根据因果稳定系统的要求，左半平面的 N 个极点为 $H_a(s)$ 的极点。

于是有
$$H_a(s) = \frac{k_0}{\prod\limits_{k=1}^{N}(s-p_k)} \tag{5.2.10}$$

式中，k_0 可以由 $H_a(0)$ 求出。因为 $s = j\Omega = 0$ 时，巴特沃思滤波器的幅频特性 $H_a(0) = 1$，即：

$$H_a(s)\big|_{s=0} = \frac{k_0}{\prod\limits_{k=1}^{N}(-p_k)} = 1 \tag{5.2.11}$$

由式(5.2.11)解出 $k_0 = \prod\limits_{k=1}^{N}(-p_k) = \Omega_c^N$，将之代入式(5.2.10)，得到巴特沃思滤波器的系统函数：

$$H_a(s) = \frac{\Omega_c^N}{\prod\limits_{k=1}^{N}(s-p_k)} = \frac{\Omega_c^N}{s^N + \Omega_c s^{N-1} + \Omega_c^2 s^{N-2} + \cdots + \Omega_c^{N-1}s + \Omega_c^N} \tag{5.2.12}$$

在设计中，通常对 -3 dB 截止频率 Ω_c 归一化，归一化后的 $H_a(s)$ 表示为：

$$H_a(s) = \frac{1}{s^N/\Omega_c^N + s^{N-1}/\Omega_c^{N-1} + s^{N-2}/\Omega_c^{N-2} + \cdots + s/\Omega_c + 1} \tag{5.2.13}$$

令 $s' = \dfrac{s}{\Omega_c}$，$p'_k = \dfrac{p_k}{\Omega_c}$，则式（5.2.13）变为：

$$H_a(s') = \frac{1}{\displaystyle\prod_{k=1}^{N}(s' - p'_k)} = \frac{1}{(s')^N + a_{N-1}(s')^{N-1} + \cdots + a_1 s' + a_0} \quad (5.2.14)$$

式中，p'_k 是归一化极点，表示为：

$$p'_k = e^{j\pi\left(\frac{1}{2} + \frac{2k-1}{2N}\right)} \quad k = 1, 2, \cdots, N \quad (5.2.15)$$

归一化后的巴特沃思滤波器一般也称为归一化巴特沃思原型低通滤波器。

归一化后，巴特沃思滤波器的极点分布以及相应的系统函数，分母多项式的系数都可查询现成的表格。

表 5.2.1　巴特沃思滤波器分母多项式

$D(s') = a_N(s')^N + a_{N-1}(s')^{N-1} + \cdots + a_1 s' + a_0 (a_0 = a_N = 1)$ 的系数

N	a_1	a_2	a_3	a_4	a_5	a_6	a_7
1	1						
2	1.414 213 6						
3	2.000 000 0	2.000 000 0					
4	2.613 125 9	3.414 213 6	2.613 125 9				
5	3.236 068 0	5.236 068 0	5.236 068 0	3.236 068 0			
6	3.863 703 3	7.464 101 6	9.141 620 2	7.464 101 6	3.863 703 3		
7	4.493 959 2	10.097 834 7	14.591 793 9	14.591 793 9	10.097 834 7	4.493 959 2	
8	5.125 830 9	13.137 071 2	21.846 151 0	25.688 355 9	21.846 151 0	13.137 071 2	5.125 830 9

4）低通巴特沃思滤波器的设计步骤

按上述分析，可将低通巴特沃思滤波器归纳为以下步骤。

①根据滤波器技术指标 Ω_p、Ω_s、α_p 和 α_s，确定滤波器阶数 N 式（5.2.5）。

②从式（5.2.6）求出 3 dB 截止频率 Ω_c。如果已在指标中给出 Ω_c，则可省略该步骤。

③写出归一化系统函数 $H_a(s)$。根据阶数 N，按式（5.2.15）或表 5.2.1 确定归一化极点 p'_k，然后代入式（5.2.14）即可。

④去归一化，得到实际滤波器的系统函数 $H_a(s) = H_a(s')\big|_{s' = s/\Omega_c}$。

例 5.2.1　设计一个巴特沃思低通滤波器，并写出其系统函数。已知通带截止频率 $f_p = 6$ kHz，通带最大衰减 $\alpha_p = 1$ dB，阻带截止频率 $f_s = 12$ kHz，阻带最小衰减 $\alpha_s = 30$ dB。

解　① $N = \dfrac{\lg\sqrt{\dfrac{10^{0.1\alpha_p} - 1}{10^{0.1\alpha_s} - 1}}}{\lg(\Omega_p/\Omega_s)} = \dfrac{\lg\sqrt{\dfrac{10^{0.1} - 1}{10^3 - 1}}}{\lg(2\pi f_p/2\pi f_s)} = \dfrac{\lg\sqrt{\dfrac{0.258\ 9}{999}}}{\lg(6\ 000/12\ 000)} = 5.957\ 5$

N 取大于此数的整数 $N = 6$。

②由式（5.2.6）得：$\Omega_c = \Omega_p (10^{0.1\alpha_p} - 1)^{-\frac{1}{2N}} = 6\ 000 \times (10^{0.1} - 1)^{-\frac{1}{12}} \times 2\pi$

$\qquad\qquad = 6\ 000 \times 1.119\ 2 \times 2\pi = 4.219\ 3 \times 10^4$

③查表 5.2.1 得滤波器归一化系统函数为：

$$H_a(s') = \frac{1}{(s')^6 + 3.8637(s')^5 + 7.4641(s')4 + 9.1416(s')^3 + 7.4641(s')^2 + 3.8637s' + 1}$$

④去归一化，得到

$$H_a(s) = H_a(s') \mid_{s' = s/\Omega_c}$$

去归一化计算复杂，可以借助 MATLAB 完成去归一化的工作。去归一化后，$H_a(s) = \dfrac{\Omega_c^6}{s^6 + \Omega_c s^5 + \Omega_c^2 s^4 + \Omega_c^3 s^3 + \Omega_c^4 s^2 + \Omega_c^5 s + \Omega_c^6}$，将实际频率 $\Omega_c = 4.2193 \times 10^4$ 带入后可得所需滤波器。

（2）切比雪夫（Chebyshev）滤波器

巴特沃思滤波器的频率特性在通带和阻带内都是单调函数。从它的幅频特性可见，它的通带误差低端小高端大，当在通带边界处即高端误差满足要求时，通带低端肯定会有余量。也就是说通道低端的误差和通带高端的误差不一致，为了保证滤波器通带高端的性能指标，滤波器的阶数就会较高，使得运算量增加。因此，更有效的设计方法应该是将精度要求均匀地分布在整个通道或阻带之内，甚至同时分布于两者之中，这样可明显降低滤波器的阶数。要实现这种精度均匀分布的滤波器可采用具有等波纹特性的逼近函数。

切比雪夫滤波器具有等波纹特性，可以使通带内误差分布均匀。在相同指标情况下，切比雪夫滤波器的阶数比巴特沃思滤波器要低，但缺点是相位特性比巴特沃思滤波器差，且设计相对复杂。

1）切比雪夫多项式

切比雪夫多项式可定义为：

$$C_N(x) = \begin{cases} \cos(N \arccos x) & |x| \leq 1 \\ \mathrm{ch}(N \,\mathrm{arcch}\, x) & |x| > 1 \end{cases} \tag{5.2.16}$$

也可通过叠代公式产生，即：

$$C_{N+1}(x) = 2xC_N(x) - C_{N-1}(x), N \geq 1$$
$$C_0(x) = 1, \quad C_1(x) = x \tag{5.2.17}$$

切比雪夫滤波器的等波动响应是由多项式 $C_N(x)$ 造成的，它具有以下性质：

①$|x| \leq 1$ 时，多项式的幅值限定为 1，即 $|C_N(x)| \leq 1$。$C_N(x)$ 在 $-1 \sim +1$ 之间等幅振荡，N 越大，振荡越快，切比雪夫多项式具有等波纹振幅特性。

②$|x| > 1$ 时，多项式随 x 单调增加，N 越大，变化速率越快。

③N 为偶数时，$C_N(x)$ 为偶函数，$C_N(0) = \pm 1$；N 为奇数时，$C_N(x)$ 为奇函数，$C_N(0) = 0$。

④对所有的 N，$C_N(1) = 1$。

2）切比雪夫滤波器的数学模型

切比雪夫滤波器的数学模型为切比雪夫滤波器的模平方函数：

$$|H_a(j\Omega)|^2 = \frac{1}{1 + \varepsilon^2 C_N^2(\Omega/\Omega_c)} \tag{5.2.18}$$

式中　N——滤波器的阶数；

　　　ε——通带波纹系数，决定通带内波纹起伏的大小；

　　　Ω_c——通带截止频率。

图 5.2.5 画出了 $N=1,2,3,4$ 时的切比雪夫多项式特性曲线。由该特性曲线及式(5.2.18)，可以得出切比雪夫滤波器 $|H_a(j\Omega)|$ 的一般规律：

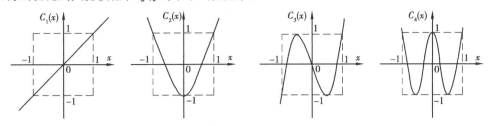

图 5.2.5　$C_1(x) \sim C_4(x)$ 的特性曲线

①$\Omega = 0$ 时，$|H_a(j\Omega)|_{\Omega=0} = \begin{cases} \dfrac{1}{\sqrt{1+\varepsilon^2}}, & N \text{ 为偶数} \\ 1, & N \text{ 为奇数} \end{cases}$

②$\Omega = \Omega_c$ 时，$|H_a(j0)|_{\Omega=\Omega_c} = \dfrac{1}{\sqrt{1+\varepsilon^2}}$，表明无论 N 为多少，所有幅度函数曲线在 $\Omega = \Omega_c$ 时通过 $\dfrac{1}{\sqrt{1+\varepsilon^2}}$ 点，所以定义 Ω_c 为切比雪夫滤波器的通带截止频率。在这个截止频率下，幅度函数下降不一定是 3 dB，这是与巴特沃思滤波器的不同之处。

③$\Omega < \Omega_c$ 时，在通带内，$|H_a(j\Omega)|$ 在 $1 \sim \dfrac{1}{\sqrt{1+\varepsilon^2}}$ 之间等波纹振荡。

④$\Omega > \Omega_c$ 时，在通带外，随着 Ω 的增大 $\varepsilon^2 C_N^2\left(\dfrac{\Omega}{\Omega_c}\right) \gg 1$ 使 $|H_a(j\Omega)|$ 迅速单调地趋近于零。

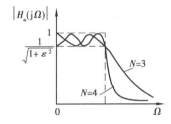

图 5.2.6　切比雪夫滤波器的模频特性

⑤随着 N 的增加，$|\Omega/\Omega_c| < 1$ 时，$|C_N(\Omega/\Omega_c)|$ 的波动增加，通带波纹增加；$|\Omega/\Omega_c| > 1$ 时，$|C_N(\Omega/\Omega_c)|$ 增加快，阻带衰减亦加快，更逼近理想特性。切比雪夫滤波器模频特性如图 5.2.6 所示。

由式(5.2.18)可知，要设计一个符合性能指标要求的切比雪夫滤波器要确定三个参数：通带截止频率 Ω_c、通带波纹系数 ε 及滤波器阶数 N。

3)通带截止频率 Ω_c、通带波纹系数 ε 及滤波器阶数 N 的确定

①切比雪夫滤波器定义 Ω_c 为截止频率。Ω_c 一般由技术指标给出，即 $\Omega_c = \Omega_p$。

②确定波纹系数 ε。因为：

$$10^{-0.1\alpha_p} = |H_a(j\Omega_p)|^2 = \frac{1}{1+\varepsilon^2 C_N^2(1)} = \frac{1}{1+\varepsilon^2}$$

解得

$$\varepsilon = \sqrt{10^{0.1\alpha_p}-1} \tag{5.2.19}$$

③确定滤波器的阶数 N。N 等于通带内最大值和最小值的总数。N 为奇数时，$\Omega = 0$ 处 $|H_a(j\Omega)|$ 为最大值 1；N 为偶数时，$\Omega = 0$ 处 $|H_a(j\Omega)|$ 为最小值 $\dfrac{1}{\sqrt{1+\varepsilon^2}}$。$N$ 的数值可由阻带衰减来确定。设阻带的起始频率为 Ω_s，则

$$|H_a(j\Omega_s)|^2 = \frac{1}{1 + \varepsilon^2 C_N^2\left(\frac{\Omega_s}{\Omega_c}\right)} \leqslant 10^{-0.1\alpha_s}$$

由此得

$$C_N\frac{\Omega_s}{\Omega_c} \geqslant \frac{1}{\varepsilon}\sqrt{10^{0.1\alpha_s} - 1}$$

由式 5.2.16

$$C_N\left(\frac{\Omega_s}{\Omega_c}\right) = \mathrm{ch}\left[N\mathrm{arcch}\left(\frac{\Omega_s}{\Omega_c}\right)\right]$$

所以

$$\mathrm{ch}\left[N\mathrm{arcch}\left(\frac{\Omega_s}{\Omega_c}\right)\right] \geqslant \frac{1}{\varepsilon}\sqrt{10^{0.1\alpha_s} - 1}$$

于是

$$N \geqslant \frac{\mathrm{arcch}\left[\frac{1}{\varepsilon}\sqrt{10^{0.1\alpha_s} - 1}\right]}{\mathrm{arcch}\left[\frac{\Omega_s}{\Omega_c}\right]} \tag{5.2.20}$$

式中,$\mathrm{arcch}\, x = \ln(x + \sqrt{x^2 - 1})$。最后,取滤波器阶数为大于上式求得的 N 的整数。如果需要阻带边界频率衰减越大,即过渡带内幅度曲线越陡,则所选滤波器阶数 N 越高。

4)系统函数 $H_a(s)$ 的确定

由于滤波器冲激响应 $h(t)$ 是实函数时,$H_a(j\Omega)$ 具有共轭对称性,则有 $H_a^*(j\Omega) = H_a(-j\Omega)$,因此:

$$|H_a(j\Omega)|^2\big|_{j\Omega = s} = H_a(s)H_a(-s) = \frac{1}{1 + \varepsilon^2 C_N^2(s/j\Omega_c)} \tag{5.2.21}$$

由 $1 + \varepsilon^2 C_N^2(s/j\Omega_c) = 0$ 解出 $H_a(s)H_a(-s)$ 的 $2N$ 个极点。

切比雪夫滤波器的 $2N$ 个极点 $p_k = \sigma_k + j\Omega_k$ 是分布在一个椭圆上的,σ_k、Ω_k 满足椭圆方程:

$$\left(\frac{\sigma_k}{a\Omega_c}\right)^2 + \left(\frac{\Omega_k}{b\Omega_c}\right)^2 = 1 \tag{5.2.22}$$

式中

$$a = \frac{1}{2}\left(\gamma^{\frac{1}{N}} - \gamma^{\frac{1}{N}}\right) \tag{5.2.23a}$$

$$b = \frac{1}{2}\left(\gamma^{\frac{1}{N}} + \gamma^{\frac{1}{N}}\right) \tag{5.2.23b}$$

$$\gamma = \frac{1}{\varepsilon} + \sqrt{1 + \frac{1}{\varepsilon^2}} \tag{5.2.23c}$$

切比雪夫滤波器的 $2N$ 个极点分布规律:

极点在大小圆上按等角间隔分布,对称虚轴,并且虚轴上没有极点。当 N 为偶数时,实轴上无极点;当 N 为奇数时,实轴上有极点。s_k 的横坐标落在小圆的分割点上,纵坐标落在大圆的分割点上。图 5.2.7 所示的是三阶切比雪夫滤波器的极点位置图。

与巴特沃思滤波器相同,取 s 平面左半平面的极点构成 $H_a(s)$。

$$p_k = \sigma_k + j\Omega_k, \sigma_k < 0 \qquad (5.2.24\text{a})$$

N 为偶数时:
$$\begin{cases} \sigma_k = -a\Omega_c \sin\left(\dfrac{2k-1}{2N}\pi\right) \\ \Omega_k = b\Omega_c \cos\left(\dfrac{2k-1}{2N}\pi\right) \end{cases} \qquad (5.2.24\text{b})$$

N 为奇数时:
$$\begin{cases} \sigma_k = -a\Omega_c \sin\left(\dfrac{k}{N}\pi\right) \\ \Omega_k = b\Omega_c \cos\left(\dfrac{k}{N}\pi\right) \end{cases} \qquad (5.2.24\text{c})$$

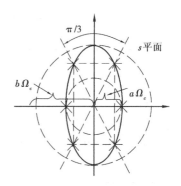

图 5.2.7　三阶切比雪夫滤波器的极点位置

求出幅度平方函数的极点后,$H_a(s)$ 的极点就是 s 平面左半平面的诸极点 p_k,从而得到切比雪夫滤波器的系统函数:

$$H_a(s) = \frac{K}{\prod\limits_{k=1}^{N}(s-p_k)} \qquad (5.2.25)$$

常数 K 可由 $|H_a(j\Omega)|$ 和 $H_a(s)$ 的低频或高频特性对比求得。也可将式(5.2.18)开平方,并带入 $\Omega = s/j$,再考虑式(5.2.25),则有:

$$|H_a(s)| = \frac{1}{\sqrt{1 + \varepsilon^2 C_N^2(s/j\Omega_c)}} = \frac{K}{\left|\prod\limits_{k=1}^{N}(s-p_k)\right|}$$

可以看出,第一个等号后的分式的分母多项式首项 s^N 的系数不为1,这是因为 $C_N(s/j\Omega_c)$ 的首项 $(s/j\Omega_c)^N$ 的系数为 2^{N-1},因而其 s^N 的系数为 $\dfrac{2^{N-1}}{\Omega_c^N}$,整个分母多项式 s^N 项的系数则为 $\dfrac{\varepsilon \cdot 2^{N-1}}{\Omega_c^N}$。而第二个等号后的分式的分母多项式的首项 s^N 的系数为1,因此,为使第二个等号两端的函数相等,必须满足:

$$K = \frac{\Omega_c^N}{\varepsilon \cdot 2^{N-1}}$$

将此式带入式(5.2.25),切比雪夫滤波器的系统函数可变为:

$$H_a(s) = \frac{\dfrac{1}{\varepsilon} \cdot \dfrac{1}{2^{N-1}} \cdot \Omega_c^N}{\prod\limits_{k=1}^{N}(s-p_k)} \qquad (5.2.26)$$

为使设计统一,可将 $H_a(s)$ 对 $\Omega_a = \Omega_p$ 做归一化处理。归一化后的系统函数表示为:

$$H_a(s') = \frac{1}{\varepsilon \cdot 2^{N-1}\prod\limits_{k=1}^{N}(s'-p_k')} = \frac{1}{\varepsilon \cdot 2^{N-1}\left[(s')^N + a_{N-1}(s')^{N-1} + \cdots + a_1 s' + a_0\right]}$$

$$(5.2.27)$$

归一化后的切比雪夫滤波器一般也称切比雪夫低通原型滤波器,归一化后滤波器的分母多项式的系数可查询现成的表格获得。

表 5.2.2 切比雪夫低通原型滤波器分母多项式

（通带波纹误差为 1 dB，$\varepsilon = 0.508\ 847$）

N	a_0	a_1	a_2	a_3	a_4	a_5	a_6
1	1.965 2						
2	1.102 5	1.097 7					
3	0.491 3	1.238 4	0.988 3				
4	0.275 66	0.742 6	1.453 9	0.936 8			
5	0.122 8	0.580 5	0.984 4	1.688 8	0.936 8		
6	0.068 9	0.607 1	0.939 3	1.202 1	1.930 8	0.928 6	
7	0.030 7	0.213 7	0.548 6	0.428 8	1.428 8	2.176 1	0.923 1

5）设计步骤

归纳切比雪夫低通滤波器设计步骤如下：

①根据技术要求确定 α_p、Ω_p、α_s、Ω_s 和 Ω_c，即 $\Omega_c = \Omega_p$。

②确定波纹系数 ε。

$$\varepsilon = \sqrt{10^{0.1\alpha_p} - 1}$$

③确定滤波器的阶数 N。

$$N \geqslant \frac{\mathrm{arcch}\left[\dfrac{1}{\varepsilon}\sqrt{10^{0.1\alpha_s} - 1}\right]}{\mathrm{arcch}\left[\dfrac{\Omega_s}{\Omega_c}\right]}$$

④由 N 查表 5.2.2（通带衰减为 1 dB 时）得归一化系统函数 $H_a(s')$。

⑤去归一化，得到实际滤波器的系统函数 $H_a(s) = H_a(s')\big|_{s' = s/\Omega_c}$。

$$H_a(s) = \frac{\dfrac{1}{\varepsilon} \cdot \dfrac{1}{2^{N-1}} \cdot \Omega_C^N}{\displaystyle\prod_{k=1}^{N}(s - p_k)}$$

例 5.2.2 设计切比雪夫低通滤波器，并写出其实际系统函数。通带截止频率 $f_p = 6\ \mathrm{kHz}$，通带最大衰减 $\alpha_p = 1\ \mathrm{dB}$，阻带截止频率 $f_s = 12\ \mathrm{kHz}$，阻带最小衰减 $\alpha_s = 30\ \mathrm{dB}$。

解 ① $\Omega_c = \Omega_p = 2\pi \times 6 \times 10^3\ \mathrm{rad/s}$

② $\varepsilon = \sqrt{10^{0.1} - 1} = \sqrt{1.258\ 9 - 1} = 0.508\ 847$

③ $N \geqslant \dfrac{\mathrm{arcch}\left[\dfrac{1}{\varepsilon}\sqrt{10^3 - 1}\right]}{\mathrm{arcch}(12/6)}$

$\quad = \dfrac{\mathrm{arcch}\left[\dfrac{31.607}{0.508\ 85}\right]}{\mathrm{arcch}(2)}(\mathrm{arcch}\ x = \ln(x + \sqrt{x^2 - 1})) = \dfrac{4.822}{1.316\ 9} \cong 3.661\ 6$

N 取整，$N = 4$

本例与例 5.2.1 指标相同,但滤波器阶数变低。可以看出,对于相同指标,切比雪夫滤波器的阶数比巴特沃思滤波器低;若阶数相同,则切比雪夫滤波器的指标比巴特沃思滤波器高。

④查表 5.2.2 得到归一化系统函数:

$$H_a(s') = \frac{1}{\varepsilon \cdot 2^{N-1} \left[(s')^4 + 0.936\,8(s')^3 + 1.453\,9(s')^2 + 0.742\,6s' + 0.275\,6 \right]}$$

$$= \frac{1}{0.508\,847 \cdot 2^3 \left[(s')^4 + 0.936\,8(s')^3 + 1.453\,9(s')^2 + 0.742\,6s' + 0.275\,6 \right]}$$

$$= \frac{0.245\,7}{(s')^4 + 0.936\,8(s')^3 + 1.453\,9(s')^2 + 0.742\,6s' + 0.275\,6}$$

⑤去归一化得到:

$$H_a(s) = H_a(s')\mid_{s'=s/\Omega_c}$$

式中,$\Omega_c = 6 \times 2\pi \times 10^3 = 3.769\,9 \times 10^4$。

可以借助 MATLAB 完成去归一化的工作。去归一化的计算结果如下:

bt = 分子系数 49.627 7

at = 分母系数 1.000 0 3.531 6 20.663 0 39.787 3 55.667 1

与巴特沃思的去归一化相同,因为 $H_a(s) = \dfrac{\Omega_c^4}{s^4 + \Omega_c s^3 + \Omega_c^2 s^2 + \Omega_c^3 s + \Omega_c^4}$,带入 $\Omega_c = 3.769\,9 \times$

10^4,最后切比雪夫低通滤波器的系统函数正确结果为:

$$H_a(s) = \frac{49.627\,7 \times 10^{16}}{s^4 + 3.531\,6 \times 10^4 s^3 + 20.663\,0 \times 10^8 s^2 + 39.787\,3 \times 10^{12} s + 55.667\,1 \times 10^{16}}$$

5.2.2 从模拟低通 IIR 滤波器设计数字低通 IIR 滤波器

从数字滤波器的设计步骤可知,其核心问题就是要设计一个因果、稳定、可实现的滤波器的系统函数 $H(z)$。

利用模拟滤波器来完成数字滤波器的设计,就是先确定模拟滤波器的 $H_a(s)$,进而确定数字滤波器的系统函数 $H(z)$。它实际上是由 s 平面到 z 平面的一种映射转换,如果所设计的模拟滤波器是因果、稳定、可实现的,那么经过这种复变量的变换所得到的数字滤波器也应该是因果、稳定、可实现的。因此这种映射关系应满足如下基本要求:

①为保证模拟滤波器的频率特性,必须使 s 平面的虚轴($j\Omega$)映射到 z 平面的单位圆周上。即保证 $H(z)$ 的频率响应能够模仿 $H_a(s)$ 的频率响应。

②为了保持滤波器的稳定性,必须使 s 平面的左半平面($\text{Re}[s]<0$)映射到 z 平面的单位圆内部($|z|<1$)。

③为了保证数字滤波器的因果可实现性,由因果、稳定的 $H_a(s)$ 变换成的 $H(z)$ 的分子和分母的系数必须都是实系数,且分子、分母的阶数一般满足条件 $M \leqslant N$。

由于系统的特性,可以通过输入/输出方程、系统单位脉冲响应、系统频率特性以及系统函数等不同的方式对系统进行描述。因此,要实现 s 平面到 z 平面的映射转换一般有两种渠道:一是使数字滤波器的单位脉冲响应 $h(n)$ 近似于模拟滤波器的单位脉冲响应 $h_a(t)$;二是使描述数字滤波器的差分方程近似于描述模拟滤波器的微分方程。采用这两种近似关系实现的由模拟滤波器设计数字滤波器的方法,分别称为冲激响应不变法和双线性变换法,下面分别对其进行介绍。

（1）冲激响应不变法

冲激响应不变法是使数字滤波器的单位脉冲响应 $h(n)$ 模仿模拟滤波器冲激响应 $h_a(t)$，其实质是时域采样法。基本设计思路为：首先得到模拟滤波器的系统函数 $H_a(s)$；然后对其冲激响应 $h_a(t)$ 采样，得到数字滤波器的单位脉冲响应 $h(n)$；最后，$h(n)$ 所对应的 Z 变换，正是所要求的数字系统的函数 $H(z)$，即：

$$H_a(s) \leftrightarrow h_a(t) \xrightarrow{\text{理想采样}} h(n) \leftrightarrow H(z)$$

冲激响应不变法又称标准 Z 变换法。根据理想采样序列 Z 变换与拉普拉斯变换的关系式，可以得到：

$$H(z)\big|_{z=e^{sT}} = \frac{1}{T}\sum_{k=-\infty}^{\infty} H_a(s - j\Omega_s k) \tag{5.2.28}$$

$$= \frac{1}{T}\sum_{k=-\infty}^{\infty} H_a\left(s - j\frac{2\pi}{T}k\right)$$

上式表明，冲激响应不变法相当于将 $H_a(s)$ 沿虚轴按周期 $2\pi/T$ 延拓后，再按映射关系 $z = e^{sT}$ 或 $s = \frac{1}{T}\ln z$ 将模拟滤波器的 $H_a(s)$ 从 s 平面变换到 z 平面的数字滤波器 $H(z)$。$z = e^{sT}$ 的映射关系表明，s 平面虚轴上每段长 $2\pi/T$ 的线段都绕 Z 平面单位圆一次，s 平面上每一条宽度为 $2\pi/T$ 的带状区都要映射为整个 Z 平面，于是产生了无数映射的重叠。这种多对一的非单值映射关系，说明了混叠产生的原因，如图 5.2.8 所示。因此，冲激响应不变法从 s 平面到 z 平面并不是简单代数映射关系。这种非单值的映射关系，使 $H(e^{j\omega})$ 要维持 $H_a(j\Omega)$ 的特性受到一定的限制，由式（5.2.28），当 $s = j\Omega$ 时，得到数字滤波器的频响为：

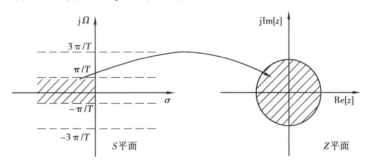

图 5.2.8　冲激响应法的映射关系

$$H(z)\big|_{z=e^{j\Omega T}} = H(e^{j\omega})\big|_{\omega=\Omega T} = \frac{1}{T}\sum_{k=-\infty}^{\infty} H_a\left(j\Omega - j\frac{2\pi}{T}k\right) \tag{5.2.29}$$

由式（5.2.29）可见，数字滤波器的频率响应是模拟滤波器频率响应的周期延拓，其中频率映射关系为 $\omega = \Omega T$。

若模拟滤波器是带限的，即 $H_a(j\Omega) = 0$，$|\Omega| \geqslant \pi/T$，则

$$H(e^{j\omega}) = \frac{1}{T}H_a(j\Omega) = \frac{1}{T}H_a\left(\frac{\omega}{T}\right), \quad |\omega| \leqslant \pi \tag{5.2.30}$$

这时，数字滤波器的频率响应在折叠频率内重现模拟滤波器的频率响应而不会产生混叠失真。如果 $H_a(j\Omega)$ 不在 $-\pi/T \sim \pi/T$ 范围内，则 $H(e^{j\omega})$ 会在 $\pm\pi$ 的奇数倍附近产生频谱混

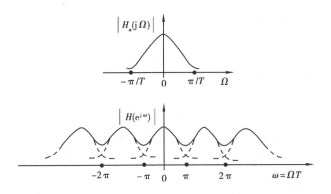

图 5.2.9　冲激响应不变法的频谱混叠失真

叠,如图 5.2.9 所示。

下面设 $H_a(s)$ 只有单极点分母的阶数大于分子的阶数,讨论冲激不变法设计 IIR 滤波器的具体方法。$H_a(s)$ 可展开为部分分式:

$$H_a(s) = \sum_{k=1}^{N} \frac{A_k}{s - s_k}$$

其拉普拉斯反变换,即对应的模拟系统单位冲激响应:

$$h_a(t) = \zeta^{-1}[H_a(s)] = \sum_{k=1}^{N} A_k e^{s_k t} u(t)$$

式中的 $u(t)$ 是连续时间的单位阶跃函数。在冲激响应不变法中,要求数字滤波器的单位采样响应等于 $h_a(t)$ 的采样,所有连续时间变量 t 由离散时间变量 nT 代替,即:

$$h(n) = h_a(nT) = \sum_{k=1}^{N} A_k e^{s_k nT} u(nT) = \sum_{k=1}^{N} A_k (e^{s_k T})^n u(n)$$

对 $h(n)$ 取 Z 变换得:

$$H(z) = \sum_{n=-\infty}^{\infty} h(n) z^{-n} = \sum_{k=1}^{N} A_k \sum_{n=0}^{\infty} (e^{s_k T} z^{-1})^n = \sum_{k=1}^{N} \frac{A_k}{1 - e^{s_k T} z^{-1}} = e^{s_k T} \quad (5.2.31)$$

式中,z_k 是 z 平面的极点,当极点 s_k 在 s 平面的左半平面时,$\mathrm{Re}[s_k] = \sigma_k < 0$,则 $z_k = e^{s_k T} = e^{\sigma_k T} e^{j\Omega_k T} = r_k e^{j\omega_k}$,$r_k = e^{\sigma_k} T < 1$,$H(z)$ 的极点在单位圆内。由此可知,s 平面与 z 平面的极点一一对应,并且稳定的模拟系统变换后仍为稳定的数字系统。

从式 5.2.30 可看出,数字滤波器频率响应与抽样间隔 T 成反比,抽样频率很高时,即 T 很小时,则 $H(e^{j\omega})$ 会有很高的增益。为防止这一现象,需作以下修正,令 $h(n) = Th_a(n)$,这样幅度特性将不再与 T 成反比。于是数字滤波器的系统函数和频率响应为:

$$H(z) = \sum_{k=1}^{N} \frac{TA_k}{1 - e^{s_k T} z^{-1}} \quad (5.2.32)$$

$$H(e^{j\omega}) = \sum_{k=-\infty}^{\infty} H_a\left(j \frac{\omega}{T} - jk\Omega_s\right) \cong H_a\left(\frac{\omega}{T}\right) \quad |\omega| \leqslant \pi \quad (5.2.33)$$

由以上分析可见,按照 $H_a(s) \rightarrow h_a(t) \rightarrow h(n) \rightarrow H(z)$ 变换过程,从模拟滤波器 $H_a(s)$ 得到数字滤波器 $H(z)$,设计还是相当冗繁的。不过由于 s 平面与 z 平面的极点一一对应,冲激响应不变法可直接将 $H_a(s)$ 写为许多单极点的部分分式之和的形式,然后将各个部分分式用式 (5.2.31) 的关系进行替代,从而得到所需数字滤波器系统函数 $H(z)$,设计过程如下:

①将 $H_a(s)$ 展开成部分分式：

$$H_a(s) = \sum_{k=1}^{N} \frac{A_k}{s - s_k}$$

②直接写出 $H(z)$ 的部分分式：

$$H(z) = \sum_{k=1}^{N} \frac{TA_k}{1 - e^{s_k T} z^{-1}}$$

下面给出用冲激响应不变法设计数字滤波器的一般步骤：

①由冲激响应不变法的变换关系将数字滤波器的性能指标变换为模拟滤波器的性能指标。

②按步骤①确定的指标及衰减指标求出模拟滤波器的(归一化)传递函数 $H_a(s)$。这个模拟低通滤波器也称为模拟原型(归一化)滤波器。

③由冲激响应不变法的变换关系将 $H_a(s)$ 转变为数字滤波器的系统函数 $H(z)$。

例5.2.3 已知一阶巴特沃思模拟低通滤波器的 $H_a(s) = \dfrac{\Omega_p}{s + \Omega_p}$，其通带截止频率 $f_p = 400$ Hz，采样频率 $f_s = 2$ kHz，用冲激不变法设计一阶巴特沃思数字低通滤波器。

解 方法一：因为 $H_a(s) = \dfrac{\Omega_p}{s + \Omega_p}$

由式(5.2.32)可得 $H(z) = \dfrac{TA_k}{1 - e^{s_k T} z^{-1}}$

$$H(z) = \frac{T\Omega_p}{1 - e^{-\Omega_p T} z^{-1}} = \frac{\omega_p}{1 - e^{-\omega_p} z^{-1}} = \frac{0.4\pi}{1 - e^{-0.4\pi} z^{-1}} = \frac{1.256\,6}{1 - 0.284\,6 z^{-1}}$$

方法二：因为 $\omega_p = \Omega_p T = 0.4\pi$，取 $T = 1$，则 $\Omega'_p = \omega_p / T = 0.4\pi$。

由于模拟滤波器的归一化传递函数为 $H_a(s) = \dfrac{\Omega'_p}{s + \Omega'_p}$

所以 $H(z) = \dfrac{T\Omega'_p}{1 - e^{-\Omega'_p T} z^{-1}} = \dfrac{0.4\pi}{1 - e^{-0.4\pi} z^{-1}} = \dfrac{1.256\,6}{1 - 0.284\,6 z^{-1}}$

由上可知，两种方法所得结果相同。

例5.2.4 用冲激响应不变法设计一个巴特沃思数字低通滤波器，设计指标为：通带截止频率 $\omega_p = 0.2\pi$，通带最大衰减 $\alpha(\omega)_{0 \sim \omega_p} \leqslant 1$ dB；阻带边缘频率 $\omega_s = 0.3\pi$，阻带最小衰减 $\alpha(\omega)_{\omega \geqslant \omega_s} \geqslant 15$ dB；

解 用两种方法求解此题。

方法一：设 $T = 1$，则 $\Omega = \dfrac{\omega}{T} = \omega$，得 $\Omega_p = 0.2\pi$，$\Omega_s = 0.3\pi$。模拟滤波器的设计指标为：通带截止频率 $\Omega_p = 0.2\pi$，通带最大衰减 $\alpha(\Omega) \leqslant 1$ dB；阻带边缘频率 $\Omega_s = 0.3\pi$，阻带最小衰减 $\alpha(\Omega) \geqslant 15$ dB。

①求 N、Ω_c。

设计巴特沃思滤波器，此时

$$N = -\frac{\lg \sqrt{\dfrac{10^{0.1\alpha_p} - 1}{10^{1.5\alpha_s} - 1}}}{\lg\left(\dfrac{\Omega_p}{\Omega_s}\right)} = -\frac{1}{2} \cdot \frac{\lg(8.454\,7 \times 10^{-3})}{\lg(2/3)} \approx 5.885\,6$$

N 是滤波器的阶数, 必须取整数, 在此取 $N=6$, 代入式 (5.2.4) 中得 $\Omega_c = 0.703\ 2\ \text{rad/s}$。

② 求 $H_a(s)$

$N=6$ 且 $H_a(s)$ 的系数均为实数, 故 $H_a(s)$ 的复极点都是共轭成对的, 实轴上无极点; 极点起点 $\dfrac{\pi}{2N} = 15°$, 间隔为 $\dfrac{\pi}{N} = \dfrac{\pi}{6} = 30°$, 且均在 s 左半平面, 如

图 5.2.10 所示。所以:

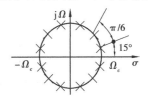

$$s_{1,6} = -\Omega_c(\cos 75° \pm \sin 75°) = -0.181\ 6 \pm j0.6779$$

$$s_{2,5} = -\Omega_c(\cos 45° \pm \sin 45°) = -0.496\ 2 \pm j0.4962$$

$$s_{3,4} = -\Omega_c(\cos 15° \pm \sin 15°) = -0.677\ 9 \pm j0.1816$$

图 5.2.10　滤波器极点分布示意图

由此得到:

$$H_a(s) = \frac{\displaystyle\prod_{k=1}^{6}(-s_k)}{\displaystyle\prod_{k=1}^{6}(s - s_k)} = \sum_{k=1}^{6} \frac{A_k}{s - s_k}$$

$$= \frac{0.120\ 93}{s^6 + 2.717s^5 + 3.690\ 9s^4 + 3.178\ 8s^3 + 1.825\ 1s^2 + 0.664\ 4s + 0.120\ 93}$$

也可以查表得到 $N=6$ 的归一化 $H_a(s')$ 为:

$$H_a(s') = \frac{1}{(s')^6 + 3.863\ 7(s')^5 + 7.464\ 1(s')^4 + 9.141\ 6(s')^3 + 7.464\ 1(s')^2 + 3.863\ 7s' + 1}$$

去归一化后:

$$H(s) = \frac{0.120\ 9}{s^6 + 2.717s^5 + 3.690\ 9s^4 + 3.178\ 8s^3 + 1.825\ 1s^2 + 0.664\ 4s + 0.120\ 9}$$

$$= \frac{0.120\ 9}{(s^2 + 0.993\ 5s + 0.494\ 3)(s^2 + 1.359\ 5s + 0.494\ 4)(s^2 + 0.364s + 0.494\ 7)}$$

③ 求 $H(z)$

$$H(z) = \sum_{k=1}^{6} \frac{A_k}{1 - e^{s_k T} z^{-1}}$$

$$= \frac{0.006z^{-1} + 0.010\ 1z^{-2} + 0.016\ 1z^{-3} + 2.106\ 7z^{-4} - 0.570\ 7z^{-5}}{1 - 3.363\ 6z^{-1} + 5.068\ 5z^{-2} - 4.276z^{-3} + 2.106\ 7z^{-4} - 0.570\ 7z^{-5} + 0.066\ 1z^{-6}}$$

$$= \frac{1.850\ 6 - 0.628\ 2z^{-1}}{1 - 0.997\ 2z^{-1} + 0.257z^{-2}} + \frac{-2.137\ 4 + 1.142\ 8z^{-1}}{1 - 1.069z^{-1} + 0.37z^{-2}} + \frac{0.286\ 8 - 0.446\ 6z^{-1}}{1 - 1.297\ 3z^{-1} + 0.694\ 9z^{-2}}$$

从以上求解过程可见第 ①、③ 步的计算量相当的大, 借助 MATLAB 我们可以得到所需的结果。其数字滤波器振幅频响 (dB) 如图 5.2.11 所示。

方法二: 在上述第 ① 步求出 N、Ω_c 后, 从六阶巴氏模拟原型低通开始用 MATLAB 计算结果如下:

C = 0

B = 1.855 7   −0.630 4

　　 −2.142 8   1.1454

　　　0.287 1   −0.446 6

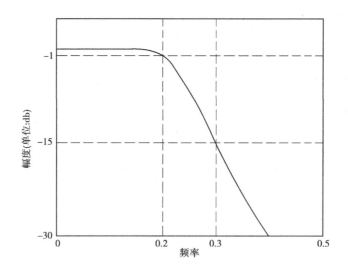

图 5.2.11　例 5.2.4 解①数字滤波器振幅频响

$A = 1.000\ 0\quad -0.997\ 3\quad 0.257\ 1$

$\quad\ 1.000\ 0\quad -1.069\ 1\quad 0.369\ 9$

$\quad\ 1.000\ 0\quad -1.297\ 2\quad 0.694\ 9$

相应的,

$$H(z) = \frac{1.855\ 7 - 0.630\ 4z^{-1}}{1 - 0.997\ 3z^{-1} + 0.257\ 1z^{-2}} + \frac{-2.142\ 8 + 1.454z^{-1}}{1 - 1.069\ 1z^{-1} + 0.369\ 9z^{-2}} +$$

$$\frac{0.287\ 1 - 0.446\ 6z^{-1}}{1 - 1.297\ 2z^{-1} + 0.694\ 9z^{-2}}$$

方法①和方法②的结果基本一致,从二者的差别可看到运算误差的影响。

通过以上分析讨论可知,冲激响应不变法是使数字滤波器的冲激响应完全模仿模拟滤波器的冲激响应,该方法具有以下优缺点:

①时域逼近良好。冲激响应不变法使得数字滤波器的时域特性能很好模仿模拟滤波器的时域特性。

②模拟角频率 Ω 和数字角频率 ω 之间是线性关系,即 $\omega = \Omega T$。因此一个线性相位的模拟滤波器可以映射成一个线性相位的数字滤波器。

③最大缺点是频谱周期延拓造成的混叠效应。因此,冲激响应不变法只适用于限带频率特性的模拟滤波器,如衰减特性很好的低通和带通滤波器,而且高于折叠频率的部分衰减越大,频率响应混叠越小,即失真越小。高通和带阻滤波器则不宜采用冲激响应不变法。由于诸多的限制和缺点,实际应用中更多地采用下面的设计方法——双线性变换法。

（2）双线性变换法

由于从 s 平面到 z 平面标准变换 $z = e^{sT}$ 的多值性造成了冲激响应不变法的频谱混叠效应,限制了其应用范围。为了克服这一缺陷,我们采用双线性变换法,首先把整个 s 平面压缩变换到 s_1 平面的带状范围内($-\pi/T \sim \pi/T$),然后再通过变换关系式 $z = e^{s_1T}$ 将该带状区域变换到整个 z 平面,这样就使得 s 平面和 z 平面之间是一一对应关系,消除了频谱混叠效应。同时也使得数字滤波器与原来的模拟滤波器有同样的稳定性和因果性。该过程如图 5.2.12 所示。

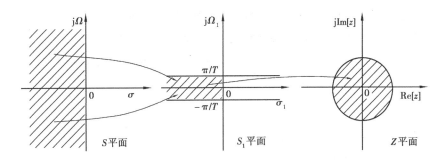

图 5.2.12　双线性变换法的映射关系

将 s 平面整个 $\mathrm{j}\Omega$ 轴压缩变换到 s_1 平面的 $\mathrm{j}\Omega_1$ 轴的 $-\pi/T \sim \pi/T$ 段,通常采用以下变换关系:

$$\Omega = \frac{2}{T}\tan\left(\frac{\Omega_1 T}{2}\right) \tag{5.2.34}$$

当 Ω 从 $-\infty$ 经过 0 到 ∞ 变化时,Ω_1 从 $-\pi/T$ 经过 0 到 π/T 变化,式(5.2.34)可写成

$$\mathrm{j}\Omega = \frac{2}{T}\frac{\mathrm{e}^{\mathrm{j}\frac{\Omega_1 T}{2}} - \mathrm{e}^{-\mathrm{j}\frac{\Omega_1 T}{2}}}{\mathrm{e}^{\mathrm{j}\frac{\Omega_1 T}{2}} + \mathrm{e}^{-\mathrm{j}\frac{\Omega_1 T}{2}}}$$

令 $\mathrm{j}\Omega = s, \mathrm{j}\Omega_1 = s_1$,则有:

$$s = \frac{2}{T}\frac{\mathrm{e}^{\frac{s_1 T}{2}} - \mathrm{e}^{-\frac{s_1 T}{2}}}{\mathrm{e}^{\frac{s_1 T}{2}} + \mathrm{e}^{-\frac{s_1 T}{2}}} = \frac{2}{T}\frac{1 - \mathrm{e}^{-s_1 T}}{1 + \mathrm{e}^{-s_1 T}} \tag{5.2.35}$$

再将 s_1 平面用下面的关系式映射到 z 平面。即将 $z = \mathrm{e}^{s_1 T}$ 带入上式就可得到 s 平面和 z 平面的单值映射关系:

$$s = \frac{2}{T}\frac{1 - z^{-1}}{1 + z^{-1}} \tag{5.2.36}$$

$$z = \frac{\frac{2}{T} + s}{\frac{2}{T} - s} \tag{5.2.37}$$

上式表现的 s 平面和 z 平面之间直接的单值映射称为双线性变换。

现在分析 s 和 z 的变换关系是否满足通过模拟滤波器来设计数字滤波器的条件。将 $z = \mathrm{e}^{\mathrm{j}\omega}$ 代入式(5.2.36),可得:

$$s = \frac{2}{T}\frac{1 - \mathrm{e}^{-\mathrm{j}\omega}}{1 + \mathrm{e}^{-\mathrm{j}\omega}} = \frac{2}{T}\mathrm{j}\tan\left(\frac{\omega}{2}\right) = \mathrm{j}\Omega \tag{5.2.38}$$

即 s 平面的虚轴与 z 平面的单位圆相对应。

设 $s = \sigma + \mathrm{j}\Omega$,则由式(5.2.37)有:

$$z = \frac{\frac{2}{T} + s}{\frac{2}{T} - s} = \frac{\left(\frac{2}{T} + \sigma\right) + \mathrm{j}\Omega}{\left(\frac{2}{T} - \sigma\right) - \mathrm{j}\Omega}, |z| = \sqrt{\frac{\left(\frac{2}{T} + \sigma\right)^2 + \Omega^2}{\left(\frac{2}{T} - \sigma\right)^2 + \Omega^2}} \tag{5.2.39}$$

在上式中:

当 $\sigma < 0$ 时,$|z| < 1$,说明 s 左半平面映射为 z 平面的单位圆内部;

当 $\sigma = 0$ 时,$|z| = 1$,说明 s 平面的虚轴($j\Omega$ 轴)映射为 z 平面的单位圆周;

当 $\sigma > 0$ 时,$|z| > 1$,说明 s 右半平面映射为 z 平面的单位圆外部。

因此,稳定的模拟滤波器经双线性变换后所得的数字滤波器也是稳定的。

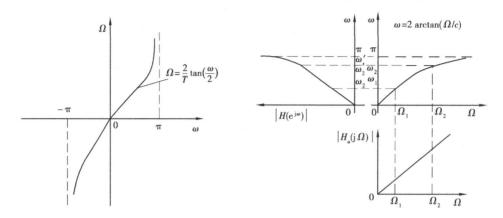

图 5.2.13　双线性变换法频率的对应关系　　　图 5.2.14　双线性变换法的幅度响应畸变

下面分析一下模拟角频率 Ω 与数字角频率 ω 之间的映射关系,由式(5.2.38)可得

$$\Omega = \frac{2}{T}\tan\left(\frac{\omega}{2}\right) \tag{5.2.40a}$$

$$或\ \omega = 2\ \arctan\left(\frac{\Omega T}{2}\right) \tag{5.2.40b}$$

上式表示的 Ω 与 ω 关系是非线性正切关系,使得模拟滤波器与数字滤波器在响应与频率的对应关系上会产生畸变,如图5.2.13所示。当 Ω 从 $-\infty$ 到 ∞ 变化时,ω 从 $-\pi$ 变化到 π,这说明 s 平面和 z 平面的映射关系具有唯一性,也正是这种唯一性消除了频率混叠现象,这是双线性变换法的突出优点。但是这个优点是以 Ω 与 ω 的非线性关系为代价的,它直接影响了数字滤波器频率特性模仿模拟滤波器的逼真程度,其幅度特性失真的情况如图5.2.14所示。这种频率间的非线性关系又产生了新的问题,首先,它使得线性相位模拟滤波器经过双线性变换后得到的数字滤波器不再保持原有的线性相位特性;其次,这种非线性关系要求模拟滤波器的幅频特性必须是分段常数型的,即某一频率段的幅频特性应近似等于某一常数(这正是一般低通、高通、带通、带阻滤波器的频率响应),不然变换所产生的数字滤波器的幅频特性对应于原模拟滤波器的幅频特性会有畸变。

对于分段常数的滤波器,双线性变换后,仍得到幅频特性为分段常数的滤波器,但是各个分段边缘的临界频率点产生了畸变,这种频率的畸变可以通过频率的预畸来校正,即将临界频率事先加以畸变,然后经变换后再映射回所需的频率点。例如,要求设计数字滤波器的截止频率为 ω_c,利用式(5.2.40a)将数字频率转换为模拟频率 $\Omega_c = \frac{2}{T}\tan\left(\frac{\omega_c}{2}\right)$(而不是 $\Omega_c = \frac{\omega_c}{T}$),按畸变后 Ω_c 设计出的模拟滤波器经双线性变换后,即可得到所需要的数字滤波器,它的截止频率正是我们原先要求的截止频率。

由此可给出双线性变换法设计数字滤波器的一般步骤:

①由双线性变换关系将数字滤波器的性能指标变换为模拟滤波器的性能指标。

②按步骤①确定的指标、衰减指标求出模拟低通滤波器的(归一化)传递函数 $H_a(s)$。这个模拟低通滤波器也称为模拟原型(归一化)滤波器。

③由双线性变换关系将 $H_a(s)$ 转变为数字滤波器的系统函数 $H(z)$。

例 5.2.5　已知采样频率 $f_s = 1\,000$ Hz，通带截止频率 $f_p = 200$ Hz，设计一个一阶数字低通滤波器，求出模拟原型低通滤波器的预畸通带截止频率 f'_p。

解　①$T = 1$ 时，将数字截止频率预畸变为模拟滤波器的截止频率：

$$\omega_p = \Omega_p T = \Omega_p / f_s = \frac{2\pi \cdot 200}{1\,000} = 0.4\pi \cdot \mathrm{rad} = 72°$$

$$\Omega'_p = \frac{2}{T}\tan(\omega/2) = 2\,000\tan 36° = 1\,453\ \mathrm{rad/s} = 462.5\pi$$

$$f'_p = 1\,453/2\pi = 231.25\ \mathrm{Hz}$$

②如果不预畸校正，则：

$$\Omega_p = 2\pi \cdot 200 = 400\pi = 1\,256.65\ \mathrm{rad/s}$$

则实际的数字频率为：

$$\omega'_p = 2\arctan(\Omega_p T/2) = 2\arctan(0.2\pi) \cong 64.284°$$

$$\cong \frac{64.284°}{180°}\pi = 0.375\pi\ \mathrm{rad}$$

而对应的实际模拟频率为：

$$f''_p = \omega'_p/2\pi T = \frac{0.357\pi}{2\pi} \times 1\,000 \cong 178.5\ \mathrm{Hz} \neq 200\ \mathrm{Hz}$$

所以用双性线变换法预畸变后模拟低通滤波器的截止频率是 231.25 Hz，而不是 $f_p = 200$ Hz。否则，所得到的数字滤波器性能不符合要求。

例 5.2.6　用双线性变换法设计一巴特沃思数字低通滤波器，设计指标为：通带截止频率 $\omega_p = 0.2\pi$，通带最大衰减 $a(\omega)_{0 \sim \omega_p} \leqslant 1$ dB；阻带边缘频率 $\omega_s = 0.3\pi$，阻带最小衰减 $a(\omega)_{\omega \leqslant \omega_s} \geqslant 15$ dB。

解　直接取 $T = 1$，则由双线性频率变换 $\Omega = 2\tan(\omega/2)$，得到预畸校正频率分别为：

$$\Omega_p = 2\tan(0.2\pi/2) = 2\tan(0.1\pi)，\Omega_s = 2\tan(0.3\pi/2) = 2\tan(0.15\pi)$$

这样模拟滤波器的设计指标为：

通带截止频率 $\Omega_p = 0.65$，通带最大衰减 $a(\Omega_p) \leqslant 1$ dB；

阻带边缘频率 $\Omega_s = 1.019$，阻带最小衰减 $a(\Omega_s) \geqslant 15$ dB。

①求 N、Ω_c。

$$N = -\frac{\lg\sqrt{\dfrac{10^{0.1\alpha_p} - 1}{10^{1.5\alpha_s} - 1}}}{\lg\left(\dfrac{\Omega_p}{\Omega_s}\right)} = -\frac{1}{2} \times \frac{\lg(8.454\,7 \times 10^{-3})}{\lg\left(\dfrac{0.65}{1.019}\right)} \cong 5.304$$

N 必须为整数，即 $N = 6$，代入式 5.2.4 可得

$$\Omega_c = 0.766\,22$$

②求 $H_a(s)$。

$N = 6$ 为偶数,极点间隔为 $\dfrac{\pi}{N} = \dfrac{\pi}{6} = 30°$,起点 $\dfrac{\pi}{2N} = 15°$,实轴上无极点;$H_a(s)$ 的系数均为实数,$H_a(s)$ 的复极点都是共轭成对的,且均在 s 左半平面。所以:

$$s_{1,6} = -\Omega_c(\cos 75° \pm \sin 75°) = -0.198 \pm j0.742$$

$$s_{2,5} = -\Omega_c(\cos 45° \pm \sin 45°) = -0.5415 \pm j0.5415$$

$$s_{3,4} = -\Omega_c(\cos 15° \pm \sin 15°) = -0.742 \pm j0.198$$

由此得到:

$$H_a(s) = \frac{\prod\limits_{k=1}^{6}(-s_k)}{\prod\limits_{k=1}^{6}(s - s_k)}$$

也可以查表得到 $N = 6$ 的归一化 $H_a(s')$ 为:

$$H_a(s') = \frac{1}{(s')^6 + 3.8637(s')^5 + 7.4641(s')^4 + 9.1416(s')^3 + 7.4641(s')^2 + 3.8637s' + 1}$$

去归一化后:

$$H_a(s) = \frac{1}{s^6 + 2.9604s^5 + 4.3821s^4 + 4.1123s^3 + 2.5727s^2 + 1.0204s + 0.2024}$$

③求 $H(z)$。

$$H(z) = H_a(s)\big|_{s = 2\frac{1-z^{-1}}{1+z^{-1}}}$$

$$= \frac{0.00073794(1 + z^{-1})^6}{(1 - 0.9042z^{-1} + 0.2154z^{-2})(1 - 1.0108z^{-1} + 0.3585z^{-2})(1 - 1.2687z^{-1} + 0.705z^{-2})}$$

与冲激响应不变法一样,第②、③步的计算量相当大,可以借助 MATLAB 快速得到所需的结果。

第②步去归一化的 MATLAB 计算结果如下:

bt = 0.2024

at = 1.0000 2.9604 4.3821 4.1123 2.5727 1.0204 0.2024

第③步冲激响应不变法实现 AF 到 DF 的变换的 MATLAB 计算结果如下:

b$_0$ = 7.3794e-004

B = 1.0000 2.0118 1.0120

    1.0000 1.9880 0.9881

    1.0000 2.0002 1.0000

A = 1.0000 -0.9042 0.2154

    1.0000 -1.0108 0.3585

    1.0000 -1.2687 0.7050

其中受运算精度影响,分子 B 的二次因式实际计算结果为 $(1 + 2.0118z^{-1} + 1.012z^{-2})$、$(1 + 1.988z^{-1} + 0.9881z^{-2})$、$(1 + 2.0002z^{-1} + 1z^{-2})$,与理想二次因式 $(1 + 2z^{-1} + z^{-2}) = (1 + z^{-1})^2$ 相比,略有误差。其数字滤波器振幅频响如图 5.2.15 所示。

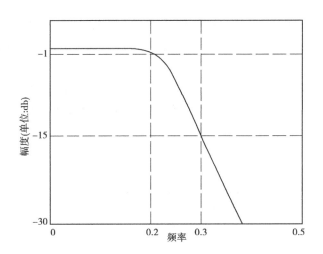

图 5.2.15 例 5.2.6 数字滤波器振幅频响

5.2.3 其他类型 IIR 滤波器的设计

实际应用中,数字滤波器有低通、高通、带通、带阻等不同类型的滤波器,一般有两种方法可以由模拟低通原型设计所需的数字滤波器,如图 5.2.16 所示。图中 $H_L(\mathrm{j}\Omega)$ 表示模拟低通原型滤波器,$H_d(\mathrm{e}^{\mathrm{j}\omega})$ 表示所需设计的数字滤波器。

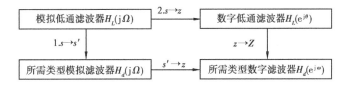

图 5.2.16 数字滤波器的设计方法

第一种方法为 s 平面变换法。该方法是由归一化的模拟低通原型滤波器 $H_L(\mathrm{j}\Omega)$ 经模拟频带变换设计所需的模拟低通、高通、带通、带阻滤波器的 $H_d(\mathrm{j}\Omega)$,然后再通过冲激响应不变法或双线性变换法数字化为所需的数字滤波器 $H_d(\mathrm{e}^{\mathrm{j}\omega})$。这种方法的第二步,是前面两节讨论的 s 平面与 z 平面的映射变换。关键是第一步,第一步的实质是模拟域 s 平面之间的变换,故这种变换也称 s 平面变换法。

第二种方法为 z 平面变换法。由图可见,由模拟低通原型滤波器出发,设计数字滤波器的一种方法是由模拟低通原型滤波器 $H_L(\mathrm{j}\Omega)$,用冲激响应不变法或双线性变换法得到数字低通滤波器的 $H_L(\mathrm{e}^{\mathrm{j}\theta})$;再由数字低通得到所需数字滤波器的 $H_d(\mathrm{e}^{\mathrm{j}\omega})$。这种方法的第一步,实际就是前面两节讨论的 s 平面与 z 平面的映射变换。关键是第二步,第二步的实质是数字域 z 平面之间的变换,故这种变换也称 z 平面变换法。

下面分别讨论与这两种方法相关的 s 平面变换法和 z 平面变换法。z 平面变换或 s 平面变换的作用都是改变原滤波器的频率特性,其实质是频率变换,所以统称频率变换法。

(1)s 平面变换法——模拟域的频率变换

s 平面变换法实质是模拟域的频率变换,是由归一化模拟原型低通设计所需数字滤波器第一种方法的第一步。该方法的第二步是前面已经讨论过的 $s \to z$ 平面映射,这既可以用冲激响应不变法(有一定限制),也可以用双线性变换法。所以这种方法的关键就是第一步模拟域的频率变换。

用 s' 表示变换前的自变量,s 表示变换后的自变量,$H_l(s')$ 表示归一化的模拟原型低通的系统函数,归一化的模拟原型低通的截止频率为 $\Omega_p = 1$,则 s 平面变换法的变换关系有:

1)归一化模拟低通→非归一化模拟低通

$$s' = \frac{\Omega_p}{\Omega_c}s \tag{5.2.41}$$

式中,Ω_c 是非归一化模拟低通滤波器的截止频率。

非归一化的模拟低通的系统函数为:

$$H_L(s) = H_l(s') \big|_{s' = s\Omega_p/\Omega_c} \tag{5.2.42}$$

式(5.2.42)实际也是模拟原型低通去归一化公式。

2)归一化低通→非归一化模拟高通

$$s' = \frac{\Omega_p \Omega_c}{s}$$

式中,Ω_c 是非归一化模拟高通滤波器的截止频率。

非归一化的模拟低通的系统函数为:

$$H_L(s) = H_l(s') \big|_{s' = \Omega_p\Omega_c/s} \tag{5.2.43}$$

特别地,当 $\Omega_c = 1$ 时,有:

$$s' = \frac{1}{s}$$

归一化的模拟高通的系统函数为:

$$H_H(s) = H_l(s') \big|_{s' = 1/s}$$

3)归一化低通→非归一化模拟带通

$$s' = \frac{s^2 + \Omega_1\Omega_2}{s(\Omega_2 - \Omega_1)} \tag{5.2.44}$$

式中,Ω_1 是非归一化模拟带通的下截止频率;Ω_2 是非归一化模拟带通的上截止频率。

非归一化的模拟带通的系统函数为:

$$H_B(s) = H_l(s') \big|_{s' = \frac{s^2 + \Omega_1\Omega_2}{s(\Omega_2 - \Omega_1)}} \tag{5.2.45}$$

4)归一化低通→非归一化模拟带阻

$$s' = \frac{s(\Omega_2 - \Omega_1)}{s^2 + \Omega_1\Omega_2} \tag{5.2.46}$$

式中,Ω_1 是非归一化模拟带阻的下截止频率;Ω_2 是非归一化模拟带阻的上截止频率。

非归一化的模拟带阻的系统函数为:

$$H_S(s) = H_l(s') \big|_{s' = \frac{s(\Omega_2 - \Omega_1)}{s^2 + \Omega_1\Omega_2}} \tag{5.2.47}$$

(2) z 平面变换法——数字域的频率变换

现在讨论以已知数字低通 $H_l(z)$ 为原型,通过适当的频率变换,设计其他所需数字滤波器 $H_d(z)$ 的方法。因为这种变换的 $H_l(z)$ 与 $H_d(z)$ 的自变量都是数字域变量,所以称 z 平面变换法。z 平面变换的作用是改变原滤波器的频率特性,其实质是数字域的频率变换,所以属于频率变换法。

为了区分变换前后的两个不同的 z 平面,设变换前为小 z 平面,变换后为大 Z 平面,其映射关系为:

$$z^{-1} = G(Z^{-1}) \tag{5.2.48}$$

则有:

$$H_d(z) = H_l(z^{-1})\big|_{z^{-1}} = G(Z^{-1}) \tag{5.2.49}$$

对变换函数 $G(Z^{-1})$ 映射的第一个要求是变换前后的两个系统函数频率响应要有一定对应关系,也就是 z 平面的单位圆必须映射到 z 平面的单位圆上。第二个要求是变换前后系统稳定性不变,z 平面的单位圆内部必须映射到 Z 平面的单位圆内部。第三个要求是系统函数 $G(Z^{-1})$ 必须是 Z^{-1} 的有理函数。

设 θ 和 ω 分别为 z 平面与 Z 平面的数字频率变量,即 $z = e^{j\theta}$,$Z = e^{j\omega}$,由式 5.2.48 有:

$$e^{-j\theta} = G(e^{-j\omega}) = |G(e^{-j\omega})|e^{-j\varphi(\omega)} \tag{5.2.50}$$

式中

$$|G(e^{-j\omega})| = 1 \tag{5.2.51}$$

$$\theta = \varphi(\omega) \tag{5.2.52}$$

由式(5.2.51)可见,函数 $G(Z^{-1})$ 在单位圆上恒为 1,是一个全通函数。任意一个全通函数可以表示为:

$$G(Z^{-1}) = \pm \prod_{i=1}^{N} \frac{Z^{-1} - a_i^*}{1 - a_i Z^{-1}} \tag{5.2.53}$$

由式(5.2.53)分析全通函数的特点:第一,只要有一个极点 a_i,就有一个零点 $1/a_i^*$,零、极点成对出现。由于 $G(Z^{-1})$ 要满足映射后稳定性不变,所以这些极点一定在单位圆内 $(|a_i| < 1)$。第二,当 ω 为 $0 \sim \pi$ 时,全通函数的相位 $\theta = \varphi(\omega)$ 变化量为 $0 \sim N\pi$,N 是全通函数的阶数。选择合适的 N 和 a_i,就可得到各种变换。

1)原形数字低通→数字低通

此时 $H_l(e^{j\theta})$、$H_d(e^{j\omega})$ 均为低通系统函数,只是截止频率各不相同。所以当 $H_d(e^{j\omega})$ 的相位 ω 由 0 到 π 变化时,θ 也应从 0 到 π 变化。按全通函数相角变化量为 $N\pi$,故可确定其阶数应为 $N = 1$。$G(Z)$ 还满足 $G(1) = 1$,$G(-1) = -1$ 两个条件,满足上述关系的映射函数为:

$$z^{-1} = G(Z^{-1}) = \frac{Z^{-1} - a}{1 - aZ^{-1}} \tag{5.2.54}$$

即当 a 为实数,且 $|a| < 1$ 时,可以实现所要求的从低通到低通的变换。

由式(5.2.54)可以推得数字域频率变换关系为:

$$e^{-j\theta} = \frac{e^{-j\omega} - a}{1 - ae^{-j\omega}} \tag{5.2.55}$$

解出 ω 与 θ 的关系为:

$$\omega = \arctan\left[\frac{(1 - a^2)\sin\theta}{2a + (1 + a^2)\cos\theta}\right] \tag{5.2.56}$$

ω ～ θ 关系曲线如图 5.2.17 所示,由曲线可知,$a > 0$ 时,变换频率压缩,即原截止频率 ω_c 低,变换后的截止频率 ω_c 高;$a < 0$ 时,变换频率扩展,即原截止频率 θ_c 高,变换后的截止频率 ω_c 低。

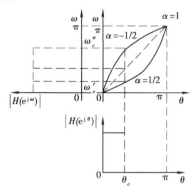

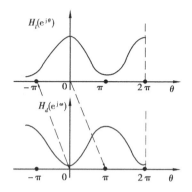

图 5.2.17　数字域低通—低通频率变换关系　　　　图 5.2.18　数字域低通—高通频率变换关系

若数字低通原型截止频率为 θ_c,变换后截止频率为 ω_c,代入式(5.2.55),为:

$$e^{-j\theta_c} = \frac{e^{-j\omega_c} - a}{1 - ae^{-j\omega_c}}$$

整理,可得

$$a = \frac{\sin \dfrac{\theta_c - \omega_c}{2}}{\sin \dfrac{\theta_c + \omega_c}{2}} \tag{5.2.57}$$

这样就确定了整个变换函数。

2)原形数字低通→数字高通

只要将低通→低通变换的映射关系中所有 Z 变换为 $-Z$,即低通频率响应在单位圆上旋转 $180°$,就完成了数字低通到数字高通的变换,即

$$G(Z^{-1}) = \frac{-Z^{-1} - a}{1 + aZ^{-1}} = \frac{-(Z^{-1} + a)}{1 + aZ^{-1}} \tag{5.2.58}$$

由式(5.2.58)可以推得其数字域频率变换关系为,如图 5.2.18:

$$e^{-j\theta} = \frac{e^{-j\omega} + a}{1 - ae^{-j\omega}} = \frac{e^{-j(\omega+\pi)} - a}{1 - ae^{-j(\omega+\pi)}} \tag{5.2.59}$$

整理,并解出:

$$a = -\frac{\cos \dfrac{\theta_c - \omega_c}{2}}{\cos \dfrac{\theta_c + \omega_c}{2}} \tag{5.2.60a}$$

若计算结果 $|a| > 1$,取其倒数为:

$$a = -\frac{\cos \dfrac{\theta_c + \omega_c}{2}}{\cos \dfrac{\theta_c - \omega_c}{2}} \tag{5.2.60b}$$

3)原形数字低通→数字带通

对低通→带通的变换就是要将截止频率为 θ_c 的数字低通 $H_l(e^{j\theta})$，变换为以中心频率为 ω_0 的数字带通 $H_d(e^{j\omega})$。数字域低通→带通频率变换示意图如图 5.2.19 所示。ω 从 $0 \to \pi$ 时，θ 由 $-\pi \to \pi$ 相应的变化是 2π，相应变换关系的全通函数阶数 $N=2$。

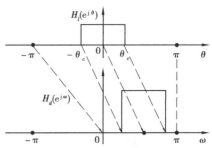

映射关系为：

$$G(Z^{-1}) = -\frac{Z^{-1}-a^*}{1-aZ^{-1}} \cdot \frac{Z^{-1}-a}{1-a^*Z^{-1}} \quad (5.2.61)$$

图 5.2.19　数字域低通—带通频率变换示意图

将 $\omega_1 \to -\theta_c$、$\omega_2 \to -\theta_c$ 代入上式得：

$$G(Z^{-1}) = \frac{Z^{-2} + \dfrac{2ak}{k+1}Z^{-1} + \dfrac{k-1}{k+1}}{\dfrac{k-1}{k+1}Z^{-2} - \dfrac{2ak}{k+1}Z^{-1} + 1} \quad (5.2.62)$$

式中，

$$a = \frac{\cos[(\omega_1+\omega_2)/2]}{\cos[(\omega_2-\omega_1)/2]}$$

$$k = \cot[(\omega_2-\omega_1)/2]\tan(\theta_c/2)$$

4）原形数字低通→数字带阻

低通→带阻的变换，也可以利用带通旋转 π 的关系完成。由此可得 $G(Z^{-1})$：

$$G(Z^{-1}) = \frac{Z^{-2} + \dfrac{2a}{k+1}Z^{-1} + \dfrac{k-1}{k+1}}{\dfrac{k-1}{k+1}Z^{-2} + \dfrac{2a}{k+1}Z^{-1} + 1} \quad (5.2.63)$$

式中，

$$a = \frac{\cos[(\omega_1-\omega_2)/2]}{\cos[(\omega_2+\omega_1)/2]}$$

$$k = \tan[(\omega_2-\omega_1)/2]\tan(\theta_c/2)$$

我们把上述四种映射的映射公式及设计参数都列在表 5.2.3 中。

表 5.2.3　z 平面变换法的映射关系及参数

变换关系	映　射	设计参数
低通→低通	$G(Z^{-1}) = \dfrac{Z^{-1}-a}{1-aZ^{-1}}$	$a = \dfrac{\sin[(\theta_c-\omega_c)/2]}{\sin[(\theta_c+\omega_c)/2]}$
低通→高通	$G(Z^{-1}) = \dfrac{-Z^{-1}-a}{1+aZ^{-1}} = \dfrac{-(Z^{-1}+a)}{1+aZ^{-1}}$	$a = -\dfrac{\cos[(\theta_c-\omega_c)/2]}{\cos[(\theta_c+\omega_c)/2]}$
低通→带通	$G(Z^{-1}) = -\dfrac{Z^{-2} - \dfrac{2ak}{k+1}Z^{-1} + \dfrac{k-1}{k+1}}{\dfrac{k-1}{k+1}Z^{-2} - \dfrac{2ak}{k+1}Z^{-1} + 1}$	$a = \dfrac{\cos[(\omega_1+\omega_2)/2]}{\cos[(\omega_2-\omega_1)/2]}$ $k = \cot[(\omega_2-\omega_1)/2]\tan(\theta_c/2)$
低通→带阻	$G(Z^{-1}) = \dfrac{Z^{-2} + \dfrac{2a}{k+1}Z^{-1} + \dfrac{k-1}{k+1}}{\dfrac{k-1}{k+1}Z^{-2} + \dfrac{2a}{k+1}Z^{-1} + 1}$	$a = \dfrac{\cos[(\omega_1-\omega_2)/2]}{\cos[(\omega_2+\omega_1)/2]}$ $k = \tan[(\omega_2-\omega_1)/2]\tan(\theta_c/2)$

注：表中的 θ_c 为原型数字低通滤波器 $H_l(e^{j\theta})$ 的截止频率，ω_c 为待求数字低（高）通滤波器 $H_d(e^{j\omega})$ 的截止频率；ω_1、ω_2 为待求数字带通（阻）的上、下截止（边界）频率。

5.3 FIR 数字滤波器的设计

5.3.1 FIR 数字滤波器的特点

FIR 系统的单位脉冲响应 $h(n)$ 是长度为 N 的有限时宽序列,一个 N 阶因果 FIR 滤波器的频率响应为:

$$H(e^{j\omega}) = \sum_{n=0}^{N-1} h(n) e^{-j\omega n} \tag{5.3.1}$$

设计 FIR 滤波器就是求出单位脉冲响应 $h(n)$,而由 $h(n)$ 确定的频率响应应满足滤波器的技术指标。IIR 数字滤波器设计利用模拟滤波器的设计成果,可以简便、有效地完成数字滤波器的设计,但 IIR 系统幅度特性的改善一般是以相位的非线性为代价的。如果对系统有线性相位要求,IIR 系统就需要增加复杂的相位校正网络。

FIR 系统在满足幅度特性要求下,具有如下特点:

①线性相位的频率响应特性。线性相位在时域中的体现仅是 $h(n)$ 在时间上的延迟,而这个特点广泛应用在数据通信、图像信号处理等领域,在实际工程中具有重要意义。

②FIR 系统的稳定性。由于 $h(n)$ 的长度有限,所以其在任何形式下都满足系统稳定判别条件 $\sum_{n=0}^{N-1} |h(n)| < \infty$,因此 FIR 系统不存在不稳定问题,即 FIR 系统恒稳定。

下面我们主要介绍线性相位 FIR 数字滤波器的设计问题。

5.3.2 线性相位 FIR 数字滤波器的特性

(1)线性相位条件

长度为 N 的 FIR 数字滤波器的频率响应为:

$$H(e^{j\omega}) = \sum_{n=0}^{N-1} h(n) e^{-j\omega n}$$

当 $h(n)$ 为实序列时,$H(e^{j\omega})$ 可表示为:

$$H(e^{j\omega}) = |H(e^{j\omega})| e^{j\varphi(\omega)} \tag{5.3.2}$$

若相位 $\varphi(\omega)$ 满足: $\qquad \varphi(\omega) = -\alpha\omega \tag{5.3.3}$

则称此 FIR 数字滤波器具有严格的线性相位。式中 α 为常数,实际应用中该线性相位的条件写为如下形式:

$$H(e^{j\omega}) = |H(e^{j\omega})| e^{j\varphi(\omega)} = H(\omega) e^{-j(\alpha\omega-\beta)} \tag{5.3.4}$$

上式中 $|H(e^{j\omega})|$ 是真正的幅度响应,而 $H(\omega)$ 是实函数,它可取正或负值,称为幅度函数,以区别于模函数 $|H(e^{j\omega})|$。于是 $H(e^{j\omega})$ 的模和相位分别为:

$$|H(e^{j\omega})| = |H(\omega)|$$

$$\varphi(\omega) = \begin{cases} -\alpha\omega + \beta, & H(\omega) \text{ 为正值时} \\ -\alpha\omega + \beta + \pi, & H(\omega) \text{ 为负值时} \end{cases} \tag{5.3.5}$$

(2)时域特性

根据上式对线性相位 FIR 数字滤波器相位特性的要求,满足线性相位 FIR 系统的条件是:系

统的单位脉冲响应 $h(n)$ 是实序列,并且以 $n = (N-1)/2$ 为对称中心,N 为 $h(n)$ 的长度。即:

$$h(n) = h(N - 1 - n), 0 \leqslant n \leqslant N - 1 \tag{5.3.6}$$

$$或 \quad h(n) = - h(N - 1 - n), 0 \leqslant n \leqslant N - 1 \tag{5.3.7}$$

由对 $(N-1)/2$ 偶或奇对称,可以得到两种类型的线性相位,这两种对称关系又分别有 N 为奇数和 N 为偶数两种情况。因此,线性相位的 FIR 数字滤波器的单位脉冲响应共有以下四种形式,如图 5.3.1 所示,分别对应于 4 种线性相位 FIR 数字滤波器。

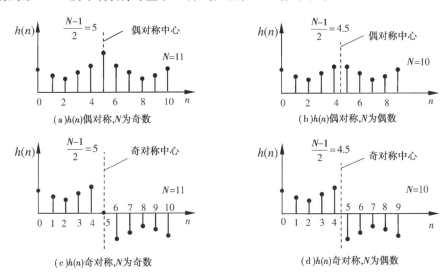

图 5.3.1 FIR 线性相位滤波器 $h(n)$ 的四种形式

① $h(n)$ 对 $(N-1)/2$ 偶对称,N 为奇数,$h(n) = h(N - 1 - n)$

② $h(n)$ 对 $(N-1)/2$ 偶对称,N 为偶数,$h(n) = h(N - 1 - n)$

③ $h(n)$ 对 $(N-1)/2$ 奇对称,N 为奇数,$h(n) = - h(N - 1 - n)$

④ $h(n)$ 对 $(N-1)/2$ 奇对称,N 为偶数,$h(n) = - h(N - 1 - n)$

在以上四种 $h(n)$ 的形式中,当 N 为偶数时,其对称中心不是取样间隔的整倍数,因此,线性相位 FIR 数字滤波器经常设计成偶数阶的(即 N 为奇数)。

（3）频率响应

实际应用中线性相位 FIR 滤波器的频率响应可写为:

$$H(e^{j\omega}) = H(\omega) e^{j\varphi(\omega)} \tag{5.3.8}$$

上式中 $H(\omega)$ 是幅度函数,它是一个实数,可取正或负值,即 $H(\omega) = \pm |H(e^{j\omega})|$,$\varphi(\omega)$ 是相位函数。

由式(5.3.6)、式(5.3.7)可得 $h(n) = \pm h(N - 1 - n)$,因而系统函数可表示为:

$$H(z) = \sum_{n=0}^{N-1} h(n) z^{-n} = \sum_{n=0}^{N-1} \pm h(N - 1 - n) z^{-n}$$

$$\xrightarrow{令 m = N - 1 - n} \sum_{m=0}^{N-1} \pm h(m) z^{-(N-1-m)} = \pm z^{-(N-1)} \sum_{m=0}^{N-1} h(m) z^m \tag{5.3.9}$$

$$= \pm z^{-(N-1)} H(z^{-1})$$

进一步写成:

$$H(z) = \frac{1}{2}\left[H(z) \pm z^{-(N-1)}H(z^{-1})\right] = \frac{1}{2}\sum_{n=0}^{N-1}h(n)\left[z^{-n} \pm z^{n}z^{-(N-1)}\right]$$

$$= \frac{1}{2}z^{-\left(\frac{N-1}{2}\right)}\sum_{n=0}^{N-1}h(n)\left[z^{-\left(\frac{N-1}{2}-n\right)} \pm z^{\left(\frac{N-1}{2}-n\right)}\right] \tag{5.3.10}$$

上式中，当取"＋"号时，$h(n)$满足$h(n) = h(N-1-n)$，对$(N-1)/2$偶对称；当取"－"号时，$h(n)$满足$h(n) = -h(N-1-n)$，对$(N-1)/2$奇对称。下面分别讨论这两种情况的频率特性。

1）$h(n)$偶对称

由式(5.3.10)可得频率响应为：

$$H(e^{j\omega}) = H(z)\big|_{z=e^{j\omega}} = e^{-j\frac{N-1}{2}\omega}\sum_{n=0}^{N-1}h(n)\cos\left[\left(n - \frac{N-1}{2}\right)\omega\right] = H(\omega)e^{j\varphi(\omega)} \tag{5.3.11}$$

幅度函数为：

$$H(\omega) = \sum_{n=0}^{N-1}h(n)\cos\left[\left(n - \frac{N-1}{2}\right)\omega\right] \tag{5.3.12}$$

相位函数为：

$$\varphi(\omega) = -\left(\frac{N-1}{2}\right)\omega \tag{5.3.13}$$

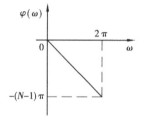 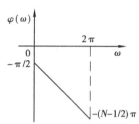

图5.3.2　$h(n)$偶对称时的线性相位特性　　　图5.3.3　$h(n)$奇对称时的90°线性相位特性

幅度函数$H(\omega)$为实函数，可为正值也可为负值。相位函数$\varphi(\omega)$是严格的线性相位，如图5.3.2所示。可以看出，当$h(n)$为实序列，且满足$h(n) = h(N-1-n)$时，FIR滤波器具有严格的线性相位，其群时延为$\frac{N-1}{2}$个采样周期。

2）$h(n)$奇对称

由式(5.3.10)可得频率响应为：

$$H(e^{j\omega}) = H(z)\big|_{z=e^{j\omega}} = -je^{-j\frac{N-1}{2}\omega}\sum_{n=0}^{N-1}h(n)\sin\left[\left(n - \frac{N-1}{2}\right)\omega\right]$$

$$= e^{-j\left(\frac{N-1}{2}\omega + \frac{\pi}{2}\right)}\sum_{n=0}^{N-1}h(n)\sin\left[\left(n - \frac{N-1}{2}\right)\omega\right]$$

$$= H(\omega)e^{j\varphi(\omega)} \tag{5.3.14}$$

幅度函数为：

$$H(\omega) = \sum_{n=0}^{N-1}h(n)\sin\left[\left(n - \frac{N-1}{2}\right)\omega\right] \tag{5.3.15}$$

相位函数为：

$$\varphi(\omega) = -\left[\left(\frac{N-1}{2}\right)\omega + \frac{\pi}{2}\right] \tag{5.3.16}$$

同样地，$H(\omega)$ 为幅度函数，可正可负。$\varphi(\omega)$ 为相位函数，如图5.3.3所示是一条不过原点的直线，在零频处有 $-\pi/2$ 的截距。说明在这种条件下，FIR 系统不仅有 $\frac{N-1}{2}$ 个采样周期的群时延，而且还有 $90°$ 的相移，使信号产生正交变换。这种使所有频率的相移均为 $90°$ 的网络，称为 $90°$ 移相器。所以当 $h(n)$ 为实序列，且有 $h(n) = -h(N-1-n)$ 时，FIR 滤波器是一个具有线性相位的正交变换网络。

(4)幅度特性

若 $h(n)$ 是对 $(N-1)/2$ 偶对称或奇对称的序列，又由 N 为奇数或偶数，可以得到四种幅度类型的线性相位 FIR DF，即前面所说的四类线性相位 FIR 系统。下面分四种情况讨论 $H(\omega)$ 的特点。

1)第一类线性相位滤波器：$h(n)$ 偶对称，N 为奇数

由式(5.3.12)可得幅度函数为：

$$H(\omega) = \sum_{n=0}^{N-1} h(n)\cos\left[\omega\left(n - \frac{N-1}{2}\right)\right] \tag{5.3.17}$$

在上式中，利用 $h(n)$ 与 $\cos\left[\omega\left(n - \frac{N-1}{2}\right)\right]$ 都对 $(N-1)/2$ 具有偶对称性可得：

$$h(n) = h(N-1-n)$$

$$\cos\left[\omega\left(N-1-n-\frac{N-1}{2}\right)\right] = \cos\left[\omega\left(\frac{N-1}{2}-n\right)\right] = \cos\left[\omega\left(n-\frac{N-1}{2}\right)\right]$$

可见除中间项 $h\left(\frac{N-1}{2}\right)$ 外，整个 $\sum$ 内各项之间满足第 n 项与第 $N-1-n$ 项系数相同，将其两两合并，则幅度函数可表示为：

$$H(\omega) = h\left(\frac{N-1}{2}\right) + \sum_{n=(N+1)/2}^{N-1} 2h(n)\cos\left[\omega\left(n - \frac{N-1}{2}\right)\right]$$

令 $n - \frac{N-1}{2} = m$ 得：

$$H(\omega) = h\left(\frac{N-1}{2}\right) + \sum_{m=1}^{(N-1)/2} 2h\left(\frac{N-1}{2}+m\right)\cos m\omega$$

再令 $m = n$，则：

$$H(\omega) = \sum_{n=0}^{(N-1)/2} a(n)\cos(n\omega) \tag{5.3.18}$$

式中，$a(0) = h\left(\frac{N-1}{2}\right)$，$a(n) = 2h\left(\frac{N-1}{2}+n\right)$，$n = 1,2,\cdots,\frac{N-1}{2}$。

由此可知，$\cos(n\omega)$ 对 $\omega = 0,\pi,2\pi$ 偶对称，所以 $H(\omega)$ 对 $\omega = 0,\pi,2\pi$ 偶对称，于是有：

$$H(\omega) = H(2\pi - \omega) \tag{5.3.19}$$

2)第二类线性相位滤波器：$h(n)$ 偶对称，N 为偶数

和第一类线性相位滤波器的讨论相同，不同点是 N 为偶数，故式(5.3.12)中没有单独的

项,系数皆可两两合并为 $N/2$ 项,即:

$$H(\omega) = \sum_{n=\frac{N}{2}}^{N-1} 2h(n)\cos\left[\omega\left(n - \frac{N-1}{2}\right)\right] \xrightarrow{n = \frac{N}{2} + m - 1} \sum_{m=1}^{N/2} 2h\left(m + \frac{N}{2} - 1\right)\cos\left[\left(m - \frac{1}{2}\right)\omega\right]$$

再令 $m = n$,则 :

$$H(\omega) = \sum_{n=1}^{N/2} b(n)\cos\left[\left(n - \frac{1}{2}\right)\omega\right] \tag{5.3.20}$$

式中,$b(n) = 2h\left(n + \frac{N}{2} - 1\right)$。

$\cos\left[\left(n - \frac{1}{2}\right)\omega\right]$ 在 $\omega = \pi$ 时为零,且奇对称,因此 $H(\omega)$ 对 $\omega = \pi$ 呈奇对称。所以有:

$$H(\omega) = -H(2\pi - \omega) \tag{5.3.21}$$

3)第三类线性相位滤波器:$h(n)$ 奇对称,N 为奇数

由式(5.3.14),幅度函数为:

$$H(\omega) = \sum_{n=0}^{N-1} h(n)\sin\left[\omega\left(n - \frac{N-1}{2}\right)\right] \tag{5.3.22}$$

在上式中,$h(n)$ 与 $\sin\left[\omega\left(n - \frac{N-1}{2}\right)\right]$ 都对 $(N-1)/2$ 具有奇对称性,即:

$$h(n) = -h(N - 1 - n)$$

$$\sin\left[\omega\left(N - 1 - n - \frac{N-1}{2}\right)\right] = \sin\left[\omega\left(\frac{N-1}{2} - n\right)\right] = -\sin\left[\omega\left(n - \frac{N-1}{2}\right)\right]$$

由于中间项 $h\left(\frac{N-1}{2}\right) = 0$,整个 $\sum$ 内各项间满足第 n 项与第 $N - 1 - n$ 项系数相同(负负得正),将其两两合并,则幅度函数可表示为:

$$H(\omega) = \sum_{n=(N+1)/2}^{N-1} 2h(n)\sin\left[\omega\left(n - \frac{N-1}{2}\right)\right]$$

令 $n - \frac{N-1}{2} = m$ 得:

$$H(\omega) = \sum_{m=1}^{(N-1)/2} 2h\left(\frac{N-1}{2} + m\right)\sin(m\omega)$$

再令 $m = n$,则:

$$H(\omega) = \sum_{n=1}^{(N-1)/2} c(n)\sin(n\omega) \tag{5.3.23}$$

式中,$c(n) = 2h\left(\frac{N-1}{2} + n\right)$。

由于 $\sin(n\omega)$ 在 $\omega = 0, \pi$ 处为零,且奇对称;所以 $H(\omega)$ 也在 $\omega = 0, \pi$ 处奇对称。

于是 :
$$H(\omega) = -H(2\pi - \omega) \tag{5.3.24}$$

由于 $H(\omega)$ 奇对称,则在 $\omega = 0, \pi$ 时为零,即 $H(z)$ 在 $z = \pm 1$ 处有零点。

4)第四类线性相位滤波器:$h(n)$ 奇对称,N 为偶数

此类和第三类线性相位滤波器的讨论相同,但其系数两两合并后有 $N/2$ 项,因而有:

$$H(\omega) = \sum_{n=N/2}^{N-1} 2h(n)\sin\left[\omega\left(n - \frac{M-1}{2}\right)\right] \xrightarrow{\quad n = \frac{N}{2} + m - 1 \quad}$$

$$H(\omega) = \sum_{m=1}^{N/2} 2h\left(m + \frac{N}{2} - 1\right)\sin\left[\left(m - \frac{1}{2}\right)\omega\right]$$

再令 $m = n$，则：

$$H(\omega) = \sum_{n=1}^{N/2} d(n)\sin\left[\left(n - \frac{1}{2}\right)\omega\right] \tag{5.3.25}$$

式中，$d(n) = 2h\left(n + \frac{N}{2} - 1\right)$。$\sin\left[\left(n - \frac{1}{2}\right)\omega\right]$ 在 $\omega = 0$ 时为零，对 $\omega = \pi$ 偶对称；因此 $H(\omega)$ 也在 $\omega = 0$ 时为零，对 $\omega = \pi$ 偶对称，于是有：

$$H(\omega) = H(2\pi - \omega) \tag{5.3.26}$$

即 $H(z)$ 在 $z = 1$ 处有零点。

通过对 FIR 系统幅度特性的分析可知，$h(n)$ 的对称条件以及时宽 N 的奇、偶条件确定后，线性相位 FIR 系统的类型也就随之确定。在实际设计使用数字滤波器时，可以根据需要选择合适的滤波器类型，并在设计时遵循它们的条件。

（5）线性相位 FIR 系统的零点特性

由于 $h(n)$ 是实序列，所以 $H(z)$ 的零点必然是共轭对存在的，即若 z_i 是 $H(z)$ 的零点，其共轭 z_i^* 也是 $H(z)$ 的零点。如果 z_i 是 $H(z)$ 的零点即 $H(z_i) = 0$，则其倒数 z_i^{-1} 也是 $H(z)$ 的零点，因为 $H(z_i^{-1}) = \pm Z_i^{N-1} H(Z_i) = 0$。综上所述，FIR 系统的零点必是互为例数的共轭对。

①单零点 $z_i = 1$ 或 $z_i = -1$，对应一阶节结构 $1 \pm z^{-1}$。

②在单位圆或在实轴上的双零点，对应的系统为二阶节结构 $1 + az^{-1} + z^{-2}$。

③4 个一组的复数零点，对应的系统为四阶结构 $a + bz^{-1} + cz^{-2} + bz^{-3} + az^{-4}$。

由以上三种零点情况做成的基本一阶节、二阶节、四阶节网络级联可以构成 FIR 系统。

由前面对四种类型线性相位 FIR 系统幅度特性的讨论可知，第二种类型 $H(\pi) = 0$，所以 $H(z)$ 在 $z = -1$ 有单零点，第四种类型 $H(0) = 0$，因此 $H(z)$ 在 $z = 1$ 有单零点；第三种类型 $H(\pi) = H(0) = 0$，那么 $H(z)$ 在 $z = \pm 1$ 必有单零点。

5.3.3　线性相位 FIR 数字滤波器的设计

（1）窗函数设计法

设要求理想数字滤波器的频率响应为 $H_d(e^{j\omega})$，对应的单位脉冲响应为 $h_d(n)$。在一般情况下，理想滤波器的 $h_d(n)$ 一般是无限时宽及非因果的。FIR 数字滤波器的窗函数设计是要用一个因果、有限时宽的 $h(n)$ 去逼近 $h_d(n)$，从而使所设计的系统频响 $H(e^{j\omega})$ 逼近 $H_d(e^{j\omega})$。以理想低通滤波器为例，它的频响特性为：

$$H_d(e^{j\omega}) = \begin{cases} e^{-j\alpha\omega}, & |\omega| \leqslant \omega_c \\ 0, & \omega_c < \omega \leqslant \pi \end{cases} \tag{5.3.27}$$

其中 α 表示群延时，所对应的理想低通滤波器的单位脉冲响应为：

$$h_d(n) = \frac{1}{2\pi}\int_{-\omega_c}^{\omega_c} e^{-j\alpha\omega} \cdot e^{jn\omega}d\omega = \frac{\sin\left[(n - \alpha)\omega_c\right]}{\pi(n - \alpha)} \tag{5.3.28}$$

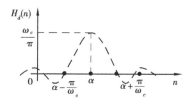

图 5.3.4　理想低通滤波器的脉冲
响应 $h_d(n)$ 示意图

如图 5.3.4 所示，$h_d(n)$ 是以 α 为中心偶对称、无限长的非因果序列，这是一个物理不可实现的系统。如何用一个有限长因果序列逼近它？最有效的方法就是截断 $h_d(n)$，即用一个窗函数序列 $w(n)$ 来实现：

$$h(n) = h_d(n)w(n) \tag{5.3.29}$$

为了使截断后的滤波器响应逼近理想低通滤波器，窗函数的形状和长度的选择就很关键。要构造一个长度为 N 的线性相位滤波器，按照线性相位条件，$h(n)$ 必须满足偶对称条件，α 应该是 $h(n)$ 的对称中心，则取 $\alpha = (N-1)/2$。

在滤波器的设计中对窗函数 $\omega(n)$ 也有要求。因为设计的是线性相位 FIR 滤波器，$h_d(n)$ 原本所具有的对称性，经过加窗函数后的 $h(n)$ 仍应保持，所以窗函数要满足：

$$w(n) = w(N-1-n) \tag{5.3.30}$$

对式（5.3.29）进行傅里叶变换，由频域卷积定量理可得到经过加窗函数后的系统频率响应：

$$H(e^{j\omega}) = \frac{1}{2\pi}\int_{-\pi}^{\pi} H_d(e^{j\theta})W(e^{j(\omega-\theta)})d\theta \tag{5.3.31}$$

$H(e^{j\omega})$ 逼近 $H_d(e^{j\omega})$ 的程度取决于窗口函数的频率特性。若 $W(e^{j(\omega-\theta)}) = \delta(e^{j(\omega-\theta)})$，则 $H(e^{j\omega}) = H_d(e^{j\theta})$，即当窗函数频谱为单位冲激时，无频谱泄漏，此时 $H(e^{j\omega})$ 等于 $H_d(e^{j\omega})$。但这就意味着窗函数 $w(n)$ 是无限时宽序列，等于没有加窗，所以只要加了窗函数，总会有频谱泄漏存在，只是 $H(e^{j\omega})$ 逼近 $H_d(e^{j\omega})$ 的程度好坏不同。下面就讨论一下不同的窗函数。

1）矩形窗

矩形窗函数为：

$$w(n) = R_N(n)\begin{cases}1, 0 \leqslant n \leqslant N-1 \\ 0, 其他\end{cases} \tag{5.3.32}$$

$w(n) = w(N-1-n)$。

加矩形窗函数后系统单位脉冲响应为：

$$h(n) = \begin{cases}h_d(n), 0 \leqslant n \leqslant N-1 \\ 0, 其他\end{cases} \tag{5.3.33}$$

①矩形窗函数频率响应 $W(e^{j\omega})$

$$W(e^{j\omega}) = \sum_{n=0}^{N-1} e^{-jn\omega} = \frac{1 - e^{-jN\omega}}{1 - e^{-j\omega}} = W_R(\omega)e^{-j\omega\alpha} \tag{5.3.34}$$

式中，$W_R(\omega) = \dfrac{\sin(\omega N/2)}{\sin(\omega/2)}$，$\alpha = (N-1)/2$。

$W_R(\omega)$ 是 $W(e^{j\omega})$ 的幅度函数，α 是 $W(e^{j\omega})$ 的相位函数。由 $W_R(\omega)$ 可知，矩形窗函数可以调整的参数只有截短长度 N。

由图 5.3.5（a）所示 $W(e^{j\omega})$ 的幅度函数 $|W_R(\omega)|$ 可知，其的主瓣宽度 $\Delta\omega = 4\pi/N$。当截短长度 N 增加时，$|W_R(\omega)|$ 的主瓣高度增加，而宽度减小，面积不变；此时旁瓣也是高度增加，宽度减小，面积不变，反之亦然。即截短长度 N 的变化不会改变窗函数旁瓣的衰减，由图 5.3.5（b）可见，矩形窗的旁瓣衰减值为 -13 dB，即第一旁瓣比峰值（零频）低 13 dB。

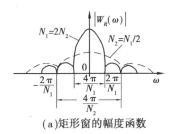

（a）矩形窗的幅度函数

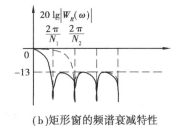

（b）矩形窗的频谱衰减特性

图 5.3.5　矩形窗的幅度函数及频谱衰减特性

②加矩形窗函数后 FIR 系统的频响 $H(e^{j\omega})$

已知理想滤波器的频响为 $H_d(e^{j\omega}) = e^{-j\omega\alpha}$，$|\omega| < \omega_c$，矩形窗函数的频响为 $W(e^{j\omega}) = W_R(\omega)e^{-j\omega\alpha}$，加矩形窗函数后 FIR 系统的频响 $H(e^{j\omega})$ 是二者的卷积，即：

$$H(e^{j\omega}) = \frac{1}{2\pi}\int_{-\pi}^{\pi} H_d(e^{j\theta})W(e^{j(\omega-\theta)})d\theta \qquad (5.3.35)$$

$$= \frac{1}{2\pi}\int_{-\pi}^{\pi} H_d(\theta)e^{-j\theta\alpha}W_R(\omega-\theta)e^{-j(\omega-\theta)\alpha}d\theta = H(\omega)e^{-j\alpha\omega}$$

式中 $H(\omega) = \frac{1}{2\pi}\int_{-\omega_c}^{\omega_c} W_R(\omega-\theta)d\theta$ 是 FIR 系统的频响的幅度函数，由式（5.3.35）可知它是理想滤波器与矩形窗函数的卷积，卷积过程如图 5.3.6 所示，通过几个特殊的频率点就可看出 $H(\omega)$ 的一般情况。

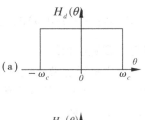

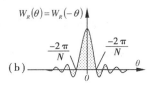

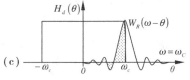

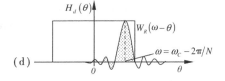

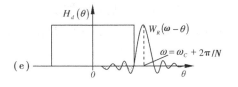

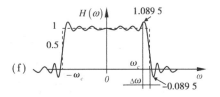

图 5.3.6　矩形窗对理想低通幅度特性的影响

①当 $\omega = 0$ 时，零频率处的响应值 $H(0)$ 等于图 5.3.6（a）与图 5.3.6（b）两函数的积分，也就是 $W_R(\theta)$ 在 $-\omega_c \sim \omega_c$ 内的积分面积。

$$H(0) = \frac{1}{2\pi}\int_{-\pi}^{\pi} W_R(-\theta)d\theta$$

若 $\omega_c \gg \frac{2\pi}{N}$，$H(0) \cong \frac{1}{2\pi}\int_{-\pi}^{\pi} W_R(-\theta)d\theta$

即当 $\omega_c \gg \dfrac{2\pi}{N}$，$H(0)$近似等于$W_R(\theta)$的全部面积。

②当 $\omega = \omega_c$ 时，如图5.3.6(c)所示，$H_d(\theta)$正好与$W_R(\omega-\theta)$的一半重叠，其值正好是$H(0)$的一半，即$\dfrac{H(\omega_c)}{H(0)} = \dfrac{1}{2}$。

③当 $\omega = \omega_c - \dfrac{2\pi}{N}$ 时，$W_R(\omega-\theta)$的整个主瓣在$H_d(\theta)$的通带之内$|\omega| \leqslant \omega_c$，如图5.3.6(d)所示，因而卷积值最大，响应出现最大峰值，即：

$$\frac{H\left(\omega_c - \dfrac{2\pi}{N}\right)}{H(0)} = 1.089\ 5$$

④当 $\omega = \omega_c + \dfrac{2\pi}{N}$ 时，$W_R(\omega-\theta)$的整个主瓣在通带之外，如图5.3.6(e)所示。而通带内的旁瓣负的面积大于正的面积，因而卷积值最小，响应出现最小谷值，即：

$$\frac{H\left(\omega_c - \dfrac{2\pi}{N}\right)}{H(0)} = 0.089\ 5$$

⑤当 $\omega > \omega_c + \dfrac{2\pi}{N}$ 时，随着ω的增加，$W_R(\omega-\theta)$左边旁瓣的起伏部分将通过通带，卷积值随着$W_R(\omega-\theta)$的主、旁瓣在积分区间(理想特性通带内)的面积变化而起伏，故$H(\omega)$将围绕零值波动。当ω由$\omega_c - \dfrac{2\pi}{N}$向通带内减小时，$W_R(\omega-\theta)$的右旁瓣将进入$H_d(\omega)$的通带，右旁瓣的起伏造成$H(\omega)$将围绕零值波动。$\Delta\omega = 4\pi/N$过渡带宽与主瓣宽度相同。

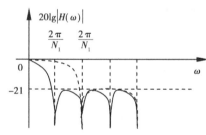

图5.3.7 用矩形窗函数设计的滤波器振幅频响特性

由上述分析可以看出理想低通滤波器经过矩形窗处理后给频率响应造成的影响，对于其他的窗函数，同样会造成以下影响：首先，在ω_c的两边$\omega_c \pm 2\pi/N$，$H(\omega)$出现最大肩峰值。在肩峰的两侧形成一串余振，N越大、旁瓣越多、余振越长。其次，肩峰值之间形成$H(\omega)$的过渡带，其宽度等于$W_R(\omega)$的主瓣宽度为$4\pi/N$；N不同，过渡带宽$\Delta\omega = 4\pi/N$随之改变。

第三，加窗后频率响应的肩峰值取决于窗函数的形状，与窗函数的长度无关。对于矩形窗，在主瓣附近

$$W_R(\omega) = \frac{\sin\left(\dfrac{N\omega}{2}\right)}{\sin\left(\dfrac{\omega}{2}\right)} \cong \frac{\sin\left(\dfrac{N\omega}{2}\right)}{\dfrac{\omega}{2}} = N \cdot \frac{\sin\left(\dfrac{N\omega}{2}\right)}{\dfrac{N\omega}{2}}$$

可见，改变N，可以改变窗函数频谱的主瓣宽度及ω坐标的比例与$\omega_R(w)$的绝对大小，但是不能改变主瓣与旁瓣的相对比例。

2)常用的窗函数

①巴特利特(Bartlett)窗

巴特利特窗也称三角窗。

$$w(n) = \begin{cases} \dfrac{2n}{N-1}, 0 \leqslant h \leqslant \dfrac{N-1}{2} \\ 2 - \dfrac{2n}{N-1}, \dfrac{N-1}{2} < n \leqslant N-1 \end{cases} \tag{5.3.36}$$

其频率响应 $W_{Br}(\mathrm{e}^{\mathrm{j}\omega}) \cong \dfrac{2}{N}\left[\dfrac{\sin(N\omega/4)}{\sin(\omega/2)}\right]\mathrm{e}^{-\mathrm{j}(N-1)\omega/2}$

三角窗的主瓣宽度为 $8\pi/N$，阻带最小衰减 25 dB。

三角窗可以认为是由两个 $(N-1)/2$ 矩形窗卷积形成的窗函数。相比之下，三角窗的过渡带比矩形窗宽了一倍，而阻带最小衰减只比矩形窗提高了 4 dB。

②汉宁(Hanning)窗

汉宁窗也称升余弦窗。

$$w(n) = \dfrac{1}{2}\left[1 - \cos\dfrac{2\pi}{N-1}n\right]R_N(n) \tag{5.3.37}$$

利用傅里叶变换的调制特性 $\mathrm{e}^{\mathrm{j}\omega_0 n}x(n) \Leftrightarrow X(\mathrm{e}^{\mathrm{j}(\omega-\omega_0)})$ 以及矩形窗的频响,可得:

$$\begin{aligned} W(\mathrm{e}^{\mathrm{j}\omega}) &= \mathrm{DTFT}[w(n)] \\ &= \left\{0.5W_R(\omega) + 0.25\left[W_R\left(\omega - \dfrac{2\pi}{N-1}\right) + W_R\left(\omega + \dfrac{2\pi}{N-1}\right)\right]\right\}\mathrm{e}^{-\mathrm{j}\left(\frac{N-1}{2}\right)\omega} \end{aligned}$$

若 $N \gg 1$,幅度函数近似为:

$$W(\omega) \cong 0.5W_R(\omega) + 0.25\left[W_R\left(\omega - \dfrac{2\pi}{N}\right) + W_R\left(\omega + \dfrac{2\pi}{N}\right)\right] \tag{5.3.38}$$

如图 5.3.8 所示,由三部分频谱的叠加,旁瓣得到了很大的抵消,使能量有效地集中在主瓣之内。不过主瓣的宽度增加了一倍。

汉宁窗的主瓣宽度为 $8\pi/N$;旁瓣峰值衰减 31 dB,阻带最小衰减 44 dB。

③海明(Hamming)窗

海明窗也称改进升余弦窗。

$$w(n) = \left[0.54 - 0.46\cos\dfrac{2\pi}{N-1}n\right]R_N(n) \tag{5.3.39}$$

利用傅里叶变换的调制特性以及矩形窗的频响,改进的升余弦窗的幅度函数可以表示为:

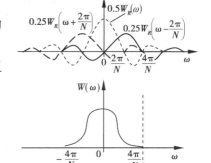

图 5.3.8 升余弦窗幅度频谱

$$W(\omega) \cong 0.54W_R(\omega) + 0.23\left[W_R\left(\omega - \dfrac{2\pi}{N-1}\right) + W_R\left(\omega + \dfrac{2\pi}{N-1}\right)\right]$$

若 $N \gg 1$,则上式改写成:

$$W(\omega) \cong 0.54W_R(\omega) + 0.23\left[W_R\left(\omega - \dfrac{2\pi}{N-1}\right) + W_R\left(\omega + \dfrac{2\pi}{N-1}\right)\right] \tag{5.3.40}$$

海明窗的主瓣宽度为 $8\pi/N$,旁瓣峰值衰减 41 dB,阻带最小衰减 53 dB。

在过渡相同情况下,与升余弦窗相比获得了更好的旁瓣抑制及阻带衰减。

④布莱克曼(Blackman)窗

布莱克曼窗也称二阶升弦窗。当 54 dB 的阻带衰减指标仍不能满足系统要求时,为进一步抑制旁瓣,可以采用二阶升余弦窗,即:

$$w(n) = \left[0.42 - 0.5 \cos\left(\frac{2\pi}{N-1}n\right) + 0.08 \cos\left(\frac{4\pi}{N-1}n\right) \right] R_N(n) \quad (5.3.41)$$

利用傅里叶变换的调制性以及矩形窗的频响,二阶的升余弦窗函数的幅度函数可以表示为:

$$W(\omega) = 0.42 W_R(\omega) + 0.25 \left[W_R\left(\omega - \frac{2\pi}{N-1}\right) + W_R\left(\omega + \frac{2\pi}{N-1}\right) \right] +$$

$$0.04 \left[W_R\left(\omega - \frac{4\pi}{N-1}\right) + W_R\left(\omega + \frac{4\pi}{N-1}\right) \right] \quad (5.3.42)$$

式(5.3.42)表明此时的幅度频响特性由五部分叠加组成。这五部分频谱的叠加,使旁瓣得到大大的抵消,能量更有效地集中在主瓣之内,不过不瓣的宽度又增加一部。所以主瓣宽度为 $12\pi/N$,旁瓣峰值衰减 57 dB,阻带最小衰减 74 dB。

⑤凯泽(Kaiser)窗

凯泽窗是一种适应性较强的窗,可以调整主瓣宽度与旁瓣抑制之交换关系。

$$w(n) = \left[\frac{I_0\left(\beta \sqrt{1 - [1 - 2n/(N-1)]^2}\right)}{I_0(\beta)} \right] R_N(n) \quad (5.3.43)$$

式中,$I_0(x)$ 是零阶贝塞尔函数,如图 5.3.9 所示。

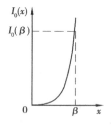

图 5.3.9 $I_0(x)$ 曲线

β 是凯泽窗可以自由选择的参数,β 越大,$w(n)$ 变化越快。β 越大频谱的旁瓣越小,但主瓣宽度相应加宽。所以改变 β 值,就可以改变主瓣宽度与旁瓣衰减的关系。例如 $\beta = 5.44$,凯泽窗曲线近似改进升余弦窗;$\beta = 8.5$,凯泽窗曲线近似二阶升余弦窗;$\beta = 0$,凯泽窗就是矩形窗。由于贝塞尔函数的复杂性,这种窗函数的计算公式很难导出。凯泽给出了经验公式。当给定指标通带截止频率 ω_p、通带最大波纹 α_p、阻带最低频率 ω_s、最小阻带衰减 α_s,可以计算归一化过渡带宽为:

$$\Delta f = \frac{\omega_p - \omega_s}{2\pi} \quad (5.3.44)$$

滤波器阶数为:

$$N \cong \frac{\alpha_s - 7.95}{14.36 \Delta f} + 1 \quad (5.3.45)$$

参数 β 为:

$$\beta = \begin{cases} 0.110\,2(\alpha_s - 8.7), & \alpha_s \geqslant 50 \\ 0.582\,4(\alpha_s - 21)^{0.4} + 0.088\,86(\alpha_s - 21), & 21 < \alpha_s < 50 \end{cases} \quad (5.3.46)$$

以上是常用的几种窗函数,有关数据如表 5.3.1 所示。

表 5.3.1 常用的几种窗函数的基本参数

窗类型	窗谱特性指标	过渡带宽	加窗后滤波器性能指标
	旁瓣峰值/dB	(主瓣宽度)	最小阻带衰减/dB
矩形窗	−13	$\Delta\omega = 4\pi/N$	−21
三角窗	−25	$\Delta\omega = 8\pi/N$	−25
升余弦窗	−31	$\Delta\omega = 8\pi/N$	−44
改进升余弦窗	−41	$\Delta\omega = 8\pi/N$	−53
二阶升余弦窗	−57	$\Delta\omega = 12\pi/N$	−74

从以上讨论可以看出,最小阻带衰减只由窗形状决定,不受 N 的影响;而过渡带的宽度则既和窗形状有关,又随窗宽 N 的增加而减小。利用窗函数设计 FIR 线性相位滤波器的优点是设计简单,使用方便。

（2）频率采样设计法

①基本原理

由前面讨论可知,窗函数是从时域出发,用一定形状的窗函数将理想的 $h_d(n)$ 截取成有限长的 $h(n)$,并以 $h(n)$ 去逼近 $h_d(n)$,使所设计的系统频率响应 $H(e^{j\omega})$ 逼近理想的频率响应 $H_d(e^{j\omega})$。

频率采样设计法则是从频域出发,对给定的理想频率响应 $H_d(e^{j\omega})$ 进行等间隔采样,即:

$$H_d(k) = H_d(e^{j\omega})\big|_{\omega\frac{2\pi}{N}k} \quad k = 0,1,\cdots,N-1$$

然后将 $H_d(k)$ 作为实际 FIR 数字滤波器频率响应的抽样值 $H(k)$,即:

$$H(k) = H_d(k) = H_d(e^{j\omega})\big|_{\frac{2\pi}{N}k} \quad k = 0,1,\cdots,N-1$$

利用 IDFT 可以得到由 N 个频率采样值 $H(k)$ 唯一确定的有限长序列 $h(n)$。而利用内插公式则可求得 FIR 滤波器的系统函数 $H(z)$ 和频率响应 $H(e^{j\omega})$ 如下:

$$H(z) = \frac{1 - z^{-N}}{N}\sum_{k=0}^{N-1}\frac{H(k)}{1 - W_N^{-k}z^{-1}} \tag{5.3.47}$$

$$H(e^{j\omega}) = \sum_{k=0}^{N-1}H(k)\Phi\left(\omega - \frac{2\pi k}{N}\right) \tag{5.3.48}$$

式中, $\Phi(\omega) = \dfrac{\sin(N\omega/2)}{N\sin(\omega/2)}e^{-j\frac{N-1}{2}\omega}$ 是内插函数。可以看到,在各频率采样点上,实际滤波器的频率响应与理想滤波器的频率响应数值严格相等。但是采样点之间的频率响应则是由各采样点的加权内插函数的延伸叠加形成的,因而有一定的逼近误差,误差大小取决于理想频率响应曲线形状。理想频率响应特性变化越平缓,内插值越接近理想值,逼近误差越小,如图 5.3.10(a) 所示。如果采样点之间的理想频率特性变化越陡,则内插值与理想值的误差就越大,因而在理想频率特性的不连续点附近,就会产生肩峰和起伏,如图 5.3.10(b) 所示。

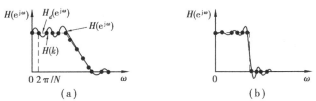

图 5.3.10　梯形与矩形理想特性采样的频率响应

②设计方法

（1）确定采样点数 N。 N 是在 $H_d(e^{j\omega})$ 单位圆上的等间隔取样数。如图 5.3.11 所示,通带最后的取样点与阻带第一个取样点之间形成过渡带,所以由所要求的过渡带可以确定取样点数 N。

即由过渡带 $\Delta\omega = 2\pi/N$,解出

$$N = \frac{2\pi}{\Delta\omega} \tag{5.3.49}$$

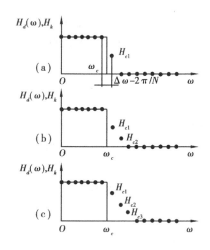

图 5.3.11 理想低通滤波器
增加过渡采样点

为了减小逼近误差,即减小在通带边沿由于采样点的突变而引起的起伏振荡。与窗口法的平滑截断一样,在理想频率响应的不连续边缘上增加一些过渡的采样点,从而减小频带边缘的突变,减小起伏,当然也使得过渡带增加。过渡带一般取 1 ~ 3 个采样点就可得到较好的结果,如图 5.3.11 所示。采样点取值不同,效果也会有所不同,由式(5.3.48)可知,每一个频率采样值都将产生一个与常数 $\dfrac{\sin(N\omega/2)}{\sin(\omega/2)}$ 成正比且在频率上位移 $2\pi k/N$ 的频率响应,而 FIR 滤波器的频率响应就是各 $H(k)$ 与相应的内插函数 $\Phi\left(\omega - \dfrac{2\pi k}{N}\right)$ 乘积的线性组合。如果过渡带的采样值取得好,就可以有效地减小有用频带的波纹,从而设计出较好地满足要求的滤波器。在低通滤波器的设计中,一般不加过渡采样点时,阻带最小衰减为 20 dB。采用一个过渡采样点后进行最优设计,可使阻带最小衰减提高到 40 ~ 54 dB;采用两个过渡采样点后进行最优设计,可到 60 ~ 75 dB;采用三个过渡采样点后进行最优设计,可达 80 ~ 95 dB。可以看出,阻带衰减的增加,是以过渡带的加宽为代价的。在实际应用中,则需要根据设计要求进行权衡以获得最佳效果。

(2)线性相位的约束。如果我们设计的是线性相位的 FIR 数字滤波器,则采样值 $H(k)$ 的幅度及相位必须满足 5.3.1 节中所讨论的约束条件。

对于第一类线性相位 FIR 滤波器,$h(n)$ 偶对称,N 为奇数。频响的幅度函数 $H(\omega) = H(2\pi - \omega)$ 是偶对称的,相位函数为 $\varphi(\omega) = -(N-1)\omega/2$,则频域的幅度采样也应是偶对称的,即幅度及相位的采样分别为:

$$H_k = H_{N-k}$$

$$\varphi(k) = -\frac{N-1}{2}\bigg|_{\omega = 2\pi k/N} = -k\pi\left(1 - \frac{1}{N}\right)$$

对于第二类线性相位滤波器,$h(n)$ 偶对称,N 为偶数。频响的幅度函数 $H(\omega) = -H(2\pi - \omega)$ 是奇对称的,相位函数 $\varphi(\omega) = -(N-1)\omega/2$,则频域的幅度采样也应是奇对称的,即幅度及相位的采样分别为:

$$H_k = -H_{N-k}$$

$$\varphi(k) = -\frac{N-1}{2}\bigg|_{\omega = 2\pi k/N} = -k\pi\left(1 - \frac{1}{N}\right)$$

对于第三类及第四类线性相位 FIR 滤波器,其幅度和相位也满足 5.3.1 节中所讨论的约束条件。

例 5.3.1 用频率取样法设计一个线性相位 FIR 低通 DF。要求模频特性逼近理想特性,理想特性为 $|H_d(e^{j\omega})| = \begin{cases} 1, 0 \le \omega \le 3\pi/4 \\ 0, 3\pi/4 < \omega \le \pi \end{cases}$ 为方便人工计算,令频率取样间隔 $\Delta\omega = \pi/2$。

解 (1)确定 $N = 2\pi/\Delta\omega = 2\pi/(\pi/2) = 4$ 。

(2)确定 $H(k) = H_d(k)$,如图 5.3.12 所示。

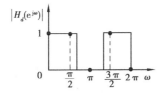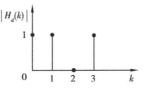

图 5.3.12　确定 $H(k)$

$$|H(0)| = |H(1)| = |H(3)| = 1$$
$$|H(2)| = 0$$

由线性相位 FIR DF 的幅度特性可知第三、四类线性相位滤波器不适合作低通,因为 N 为偶数,所以采用第二类线性相位滤波器,其幅度特性为 $H_k = -H_{N-k}$,相位特性为 $\varphi(k) = -k\pi(1-1/N)$。所以

$$H(0) = 1, H(1) = e^{-j3\pi/4}, H(2) = 0, H(3) = -e^{-j9\pi/4} = -e^{-j\pi/4} = e^{j3\pi/4}$$

(3)单位脉冲响应 $h(n)$

$$h(n) = \frac{1}{N} \sum_{k=0}^{N-1} H(k) W_N^{-nk} = \frac{1}{4} \sum_{k=0}^{3} H(k) e^{-j\frac{\pi}{2}nk}$$

根据 $h(n) = h(N-1-n)$ 的对称性,只需计算 $h(0)$、$h(1)$。

$$h(0) = \frac{1}{4} \sum_{k=0}^{3} H(k) = \frac{1}{4}(1 + e^{-j3\pi/4} + e^{j3\pi/4}) = \frac{1}{4}(1 + 2\cos 3\pi/4) = \frac{1}{4}(1 - \sqrt{2})$$
$$= -0.104 = h(3)$$

$$h(1) = \frac{1}{4} \sum_{k=0}^{3} H(k) e^{j\frac{\pi}{2}k} = \frac{1}{4}(1 + e^{-j\pi/4} + e^{j\pi/4})$$

$$= \frac{1}{4}(1 + 2\cos \pi/4) = \frac{1}{4}(1 + \sqrt{2}) = 0.604 = h(2)$$

系统的单位脉冲响应如图 5.3.13 所示。

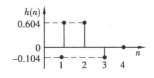

(4)系统函数 $H(z)$ 及其结构

$$H(z) = \sum_{n=0}^{N-1} h(n) z^{-n} = \sum_{n=0}^{3} h(n) z^{-n}$$
$$= -0.104(1 + z^{-3}) + 0.604(z^{-1} + z^{-2})$$

图 5.3.13　系统的单位脉冲响应

(5)系统的频率响应

$$H(e^{j\omega}) = -0.104(1 + e^{-j3\omega}) + 0.604(e^{-j\omega} + e^{-j2\omega})$$
$$= e^{-j3\omega/2}[-0.104(e^{j3\omega/2} + e^{-j3\omega/2}) + 0.604(e^{-j\omega/2} + e^{-j\omega/2})]$$
$$= e^{-j3\omega/2}[-0.208\cos(3\omega/2) + 1.208\cos(\omega/2)] = H(\omega)e^{j\varphi(\omega)}$$

将 $\omega = 0, \pi/2, \pi, 3\pi/2$ 代入上式验证,可得到 $|H(e^{j0})| = |H(e^{j\pi/2})| = |H(e^{j3\pi/2})| = 1$,$|H(e^{j\pi})| = 0$,其余部分由两个三角函数(内插函数)延伸叠加形成。

5.3.4　FIR 与 IIR 数字滤波器的比较

前两节讨论了 IIR 滤波器与 FIR 滤波器的设计方法,重点是根据频域指标设计滤波器系统函数。下面对这两类滤波器作一简单的比较。

从设计上看,IIR 滤波器可以利用模拟滤波器设计的现成的设计公式、曲线、图表等,因而设计简单工作量较小。FIR 滤波器一般没有封闭函数的设计公式,只有计算程序可用,对计算工具要求较高,需要借助计算机。

从性能上看,IIR 滤波器系统函数的极点可以位于单位圆内的任意地方,因此可以用较少阶数获得较高的选择性,所用存储单元少,效率高。但其高效是以相位的非线性为代价的,选择性越好的 IIR 滤波器其相位非线性越严重。而 FIR 滤波器可以得到严格的线性相位,由于 FIR 滤波器系统函数的极点固定在原点,因此要获得与 IIR 滤波器相同的设计指标,FIR 滤波器的阶数可能是 IIR 滤波器阶数的 5 ~ 10 倍,从而使其成本变高,信号延时也变大。不过这些缺点是相对非线性相位的 IIR 滤波器而言,如果具有相同的选择性和线性相位的要求,IIR 滤波器必须通过全通网络进行相位校正,同样加大了 IIR 滤波器的阶数和复杂性。所以若相位要求严格,FIR 滤波器在性能和成本上都优于 IIR 滤波器。

从结构上看,FIR 滤波器主要采用非递归型结构,无论从理论上和在实际的有限精度运算中它都是稳定的,运算误差较小。IIR 滤波器采用的是递归型结构,极点必须在单位圆内系统才稳定,对于这种结构,在运算过程中的运算误差有时会引起振荡,存在系统不稳定问题。

从运算速度上看,由于 FIR 滤波器的冲激响应是有限长的,因而可以采用 FFT 算法,使其运算速度可以提高很多。IIR 滤波器则不能采用 FFT 算法。

从以上分析比较可以看出,两类滤波器各有特点,没有哪一类滤波器在任何情况下都是最佳的。在实际应用中要从工程实现、经济成本、硬件的复杂程度、计算的速度等多方面考虑来进行选择。

5.4　数字滤波器的实现

为了处理信号,必须设计和实现数字滤波器系统。数字滤波器是离散系统,其实现方式有两种:一是利用计算机软件实现;二是利用专用硬件芯片实现。数字滤波器的设计结果受滤波器的类型(IIR 或 FIR)和其实现形式(结构)的影响。所以在讨论设计结果以前,考虑在实际中如何实现这些滤波器。

滤波器的结构按单位脉冲响应的性质可分为有限冲激响应(FIR)滤波器和无限冲激响应滤波器(IIR)。

5.4.1　IIR 数字滤波器的基本结构

无限长单位脉冲响应滤波器有以下特点:

①系统的单位脉冲响应 $h(n)$ 是无限长的;

②系统函数 $H(z)$ 在有限 z 平面上有极点存在;

③结构上有反馈,为递归型。即存在从输出到输入的反馈。

描述滤波器结构的基本元件有以下几种:

①加法器:此元件有两个输入和一个输出。

②乘法器:此元件是单输入单输出的。

③延时器:此元件把通过它的信号延迟一个样本。

同一种系统函数 $H(z)$ 可以有多种不同的结构,IIR 滤波器的基本结构分成直接型、级联型和并联型。

（1）**直接型**

IIR 滤波器的系统函数可表示为：

$$H(z) = \frac{\sum\limits_{k=0}^{M} b_k z^{-k}}{1 - \sum\limits_{k=1}^{N} a_k z^{-k}} = \frac{Y(z)}{X(z)} \tag{5.4.1}$$

其中 a_k, b_k 为滤波器系数。

在该形式中，用加法器、乘法器和延时器直接实现的结构称为直接型。这种滤波器可分为分子部分和分母部分（即滑动平均部分和递归部分）。根据两部分的计算顺序，分为直接Ⅰ型和直接Ⅱ型。

直接Ⅰ型结构先实现 $H(z)$ 的分子部分，后实现其分母部分，然后将它们级联起来。分子部分是抽头延迟线，后面的分母部分为反馈抽头延迟线。此结构中存在两部分独立的延迟线，因此需要 $N+M$ 个延迟器，如图 5.4.1 所示。如果交换两部分的连接次序，先处理分母部分，再处理分子部分。则 $N \geq M$ 的情况下将两部分延迟线合并，就只需要 N 个延迟器，可以拿掉 M 个延迟器，大大减少了延迟器。这种缩减的结构称为直接Ⅱ型结构，如图 5.4.2 所示。

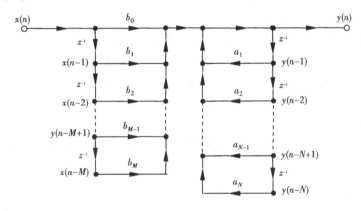

图 5.4.1　IIR 滤波器的直接Ⅰ型结构

（2）**级联型**

对 IIR 型数字滤波器的系统函数 $H(z)$ 的分子、分母分别进行因式分解成二阶子系统，可得到其二阶级联系统函数：

$$H(z) = b_0 \prod_{k=1}^{K} \frac{1 + B_{k1} z^{-1} + B_{k2} z^{-2}}{1 + A_{k1} z^{-1} + A_{k2} z^{-2}} = \prod_{k=1}^{K} H_k(z) \tag{5.4.2}$$

其中 K 等于 $N/2$，$B_{k1}, B_{k2}, A_{k1}, A_{k2}$ 为实数，它们表示二阶子系统的系数。二阶子系统为：

$$H_k(z) = \frac{Y_{k+1}(z)}{Y_k(z)} = \frac{1 + B_{k1} z^{-1} + B_{k2} z^{-2}}{1 + A_{k1} z^{-1} + A_{k2} z^{-2}}, k = 1, 2, \cdots, K$$

$H_k(z)$ 称为第 k 个双二阶环节，它可用直接Ⅱ型结构实现，可最大限度地优化。图 5.4.3 是 IIR 型数字滤波器的级联实现结构。

级联结构的特点是：

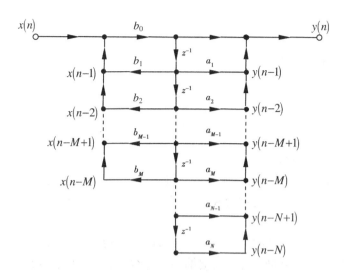

图 5.4.2　IIR 滤波器的直接 II 型结构

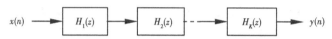

图 5.4.3　IIR 滤波器的级联实现

①可用不同的搭配关系,改变基本节顺序,优选出有限字长影响小的结构。

②能够准确实现滤波器的零、极点,系统调整方便。调整系数 B_{k1},B_{k2}就能单独调整滤波器的第 k 对零点,而不对其他零、极点造成影响;同样,调整系数 A_{k1},A_{k2}就能单独调整滤波器的第 k 对极点,而不对其他零、极点造成影响。

（3）并联型

并联型结构对 IIR 数字滤波器的系统函数 $H(z)$ 按部分分式展开,系统函数可表示为:

$$H(z) = \sum_{k=1}^{K} \frac{B_{k0} + B_{k1}z^{-1}}{1 + A_{k1}z^{-1} + A_{k2}z^{-2}} + \sum_{k=0}^{M-N} C_k z^{-k} \tag{5.4.3}$$

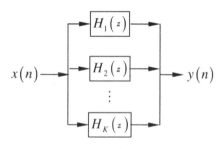

图 5.4.4　IIR 滤波器的关联实现

其中 K 等于 $N/2$,B_{k0},B_{k1},A_{k1},A_{k2}为实数,它们表示二阶子系统的系数。等式右端的第二项称为直接项,它仅在 $M \geqslant N$ 时存在。K 个二阶子系统的通式为:

$$H_k(z) = \frac{B_{k0} + B_{k1}z^{-1}}{1 + A_{k1}z^{-1} + A_{k2}z^{-2}}, k = 1, 2, \cdots, K$$

$H_k(z)$ 称为第 k 阶有理双二阶环节,它的并联实现结构如图 5.4.4。

并联结构的最大优点是系数对极点的控制方便,各级运算误差不会相互影响,可实现并行运算,缺点是对零点控制不方便。

5.4.2　FIR 数字滤波器的基本结构

FIR 滤波器的系统函数为:

$$H(z) = \sum_{n=0}^{N-1} h(n) z^{-n} \qquad (5.4.4)$$

有限长度单位脉冲响应滤波器有以下特点:

① 系统的单位脉冲响应 $h(n)$ 在有限个 n 值处不为零。

② 系统函数 $H(z)$ 在 $|z| > 0$ 处收敛,在 $|z| > 0$ 处只有零点,即有限 z 平面只有零点,极点全部在 $z = 0$ 处,所以是因果系统。

③ 结构上没有反馈,为非递归结构。即没有从输出到输入的反馈。

为了与 IIR 数字滤波器共用一个子程序,可将系统函数用如下形式表示:

$$H(z) = \sum_{n=0}^{N-1} b_n z^{-n} \qquad (5.4.5)$$

其中,$b_n = h(n)$。

FIR 滤波器有以下几种基本结构:

(1) **直接型**

与无限冲激响应系统相类似,FIR 直接型系统函数表示为

$$H(z) = b_0 + b_1 z^{-1} + \cdots + b_{M-1} z^{-(N-1)} \qquad (5.4.6)$$

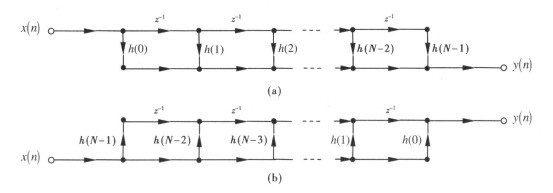

图 5.4.5　FIR 滤波器的直接型结构

直接型 FIR 滤波器可从上述表达式直接获得,直接实现的结构如图 5.4.5 所示。图 (a) 又称横截型结构,图 (b) 是转置型结构。

(2) **级联型**

将 $H(z) = \sum_{n=0}^{N-1} h(n) z^{-n}$ 写成二阶因子的连乘形式,FIR 级联型系统函数表示为:

$$H(z) = \prod_{k=1}^{\frac{N}{2}} (b_{0k} + b_{1k} z^{-1} + b_{2k} z^{-2}) \qquad (5.4.7)$$

式中,当 N 为奇数时,$N/2$ 以 $(N+1)/2$ 确定具体数值。另外,当 N 为偶数时,则 $N-1$ 为奇数,故系数 b_{2k} 中有一个为零,相当于此时 $H(z)$ 有奇数个实根。其级联实现结构如图 5.4.6 所示。

(3) **频率采样型**

把一个有限长序列的 z 变换 $H(z)$ 在单位圆上做 N 等分采样,即可得到 $H(k)$,则 FIR 系统函数可由 $H(k)$ 重构得到:

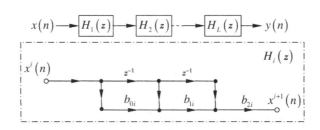

图 5.4.6 FIR 滤波器的级联实现

$$H(z) = (1 - z^{-M}) \frac{1}{N} \sum_{k=0}^{N-1} \frac{H(k)}{1 - W_N^{-k}z^{-1}}$$

$$= \frac{1}{N}H_c(z) \sum_{k=0}^{N-1} H_k(z) \tag{5.4.8}$$

式(5.4.8)说明在这种结构中,使用的是 $H(k)$,而不是 $h(n)$ 或差分方程。$H(z)$ 包含零点和极点,由它描述的 FIR 滤波器具有与 IIR 滤波器相类似的形式。频率采样型滤波器由一个 FIR 子系统和 IIR 子系统级联构成,它需要采用复数运算。

式中,FIR 子系统 $H_c(z) = 1 - z^{-N}$ 频率响应为 $H_c(e^{j\omega}) = 1 - e^{-j\omega N} = 2 \sin\left(\frac{N}{2}\omega\right)e^{-j\omega\frac{N}{2}}$,由 FIR 幅频特性曲线的形状取名为梳状滤波器,基零点为 $z_k = W_N^{-k}, k = 0, 1, \cdots, N-1$。

IIR 子系统 $H_k(z) = \frac{H(k)}{1 - W_N^{-k}z^{-1}}$ 在 $\Omega = \frac{2\pi}{N}k$ 处的单位圆上有一个极点,故它是一个频率为 $\frac{2\pi}{N}k$ 的谐振器。在 $\Omega = \frac{2\pi}{N}k$ 频率处,$H_c(z)$ 的零点和 $H_k(z)$ 的极点相互抵消,产生 $H(k)$,保持了 FIR 数字滤波器的稳定性。

FIR 数字滤波器的频率采样型结构如图 5.4.7 所示。

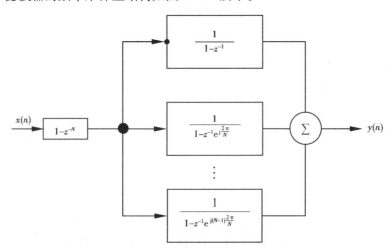

图 5.4.7 FIR 滤波器的频率采样结构

频率采样型滤波器主要优点:

①在频率采样点,只要调整一阶网络 $H_k(z)$ 中乘法的系数 $H(k)$,就可有效地调整频响特性,使调整方便。

②只要 $h(n)$ 的长度相同,对任何频响,其结构完全相同,只是各支路增益不同。相同部分便于标准化、模块化。

此外,频率采样型滤波器还具有并行运算特性。当 $H(z)$ 具有窄带滤波特性时,只需计算少数几个并行支路,计算效率很高。实际应用时常将梳状滤波器的零点和谐振器的极点乘一个略小于 1 的系数,将零极点从单位圆上移至单位圆内部。

习　题

1. 已知模拟滤波器的传递函数 $H_a(s) = \dfrac{3}{(s+1)(s+3)}$,试用冲激响应不变法将 $H_a(s)$ 转换成数字传递函数 $H(z)$。(设采样周期 $T = 0.5$)

2. 若模拟滤波器的传递函数为 $H_a(s) = \dfrac{s+a}{s^2 + 2as + a^2 + b^2}$,试用冲激响应不变法将 $H_a(s)$ 转换成数字传递函数 $H(z)$,采样周期为 T。

3. 设有一模拟滤波器

$$H_a(s) = \frac{1}{s^2 + s + 1}$$

采样周期 $T = 2$,试用冲激响应不变法和双线性变换法分布将其转变为数字滤波器。

4. 用双线性变换法设计一个三阶的巴特沃思数字低通滤波器,采样频率 $f_s = 1.2$ kHz,截止频率为 $f_c = 400$ Hz。

5. 用双线性变换法设计一个三阶的巴特沃思数字高通滤波器,采样频率 $f_s = 6$ kHz,截止频率为 $f_c = 1.5$ kHz。

6. 用双线性变换法设计一个三阶的巴特沃思数字带通滤波器,采样频率 $f_s = 720$ Hz,上、下边带的截止频率分别为 $f_1 = 60$ Hz、$f_2 = 300$ Hz。

7. 用双线性变换法设计一个一阶巴特沃思数字低通滤波器,3 dB 截止频率为 $\omega_c = 0.25\pi$。

8. 试用双线性变换法设计一低通数字滤波器,并满足:通带和阻带都是频率的单调下降函数,而且无起伏;频率在 0.5π 处的衰减为 -3.01 dB;在 0.75π 处的幅度衰减至少为 15 dB。

9. 一个数字系统的采样频率 $f_s = 1\,000$ Hz,已知该系统受到频率为 100 Hz 的噪声干扰,试设计一个陷波滤波器去除该噪声,要求 3 dB 的带边频率为 95 Hz 和 105 Hz,阻带衰减不小于 14 dB。

10. 试用冲激响应不变法和双线性变换法设计一个数字切比雪夫带通滤波器,指标要求:
① 200 Hz $\leqslant f \leqslant$ 400 Hz 时,$\alpha_p \leqslant 2$ dB;
② $f \leqslant 100$ Hz 且 $f \geqslant 600$ Hz 时,$\alpha_s \geqslant 20$ dB;
③采样频率 $f_s = 2$ kHz;
写出 $H(Z)$ 的表达式,并画出系统的频率响应特性。

11. 试用双线性变换法设计一个数字切比雪夫高通滤波器,指标要求:
① $f \geqslant 5$ kHz 时,$\alpha_p \leqslant 3$ dB;
② $f \leqslant 5$ kHz 时,$\alpha_s \geqslant 30$ dB;

③采样频率$f_s = 20$ kHz；

写出$H(Z)$的表达式,并画出系统的频率响应特性。

12. 设一个线性移不变系统的线性差分方程如下:

$$y(n) = 0.1x(n) + 0.5x(n-1) + 0.9x(n-2) + 0.5x(n-3) + 0.1x(n-4)$$

证明该系统是一个FIR系统,给出单位脉冲响应$h(n)$。

13. 一个理想低通滤波器的截止频率为$\omega_c = 0.25\pi$。提取$-3 \leq n \leq 3$范围内的单位脉冲响应得$h(n) = h_d(n)$,$-3 \leq n \leq 3$试写出$h(n)$的具体表达式并画图表示。如果要使$h(n)$变成因果系统,则应该如何处理?画出系统的幅频响应$|H(e^{j\omega})|$。

14. 一个FIR滤波器的幅频响应如图1所示,设采样频率$f_s = 10$ kHz,给出该滤波器的通带和阻带波纹数、通带和阻带边界频率(Hz)及相应的幅度(dB)、阻带最小衰减(dB)和过渡带宽度(Hz)。

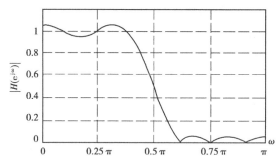

图1　幅频响应

15. 用矩形窗设计一个FIR线性相位低通数字滤波器。已知$\omega_c = 0.5\pi$,$N = 21$。求出$h(n)$,并画出$20\lg|H(e^{j\omega})|$的曲线。

16. 用三角形窗设计一个FIR线性相位低通数字滤波器。已知$\omega_c = 0.5\pi$,$N = 51$。求出$h(n)$,并画出$20\lg|H(e^{j\omega})|$的曲线。

17. 用汉宁窗设计一个FIR线性相位高通数字滤波器

$$H(e^{j\omega}) = \begin{cases} e^{-j(\omega-\pi)\alpha}, & \pi - \omega_c \leq \omega \leq \pi \\ 0, & 0 \leq \omega < \pi - \omega_c \end{cases}$$

求出$h(n)$,确定α与N的关系,并画出$20\lg|H(e^{j\omega})|$的曲线(设$\omega_c = 0.5\pi$,$N = 51$)。

18. 用凯泽窗设计一个满足如下技术指标的低通滤波器。要求给出窗宽N和参数β值,系统的单位脉冲响应$h(n)$,并粗略画出需要设计的滤波器幅频响应$20\lg|H(e^{j\omega})|$,标出各项指标值。

$$f_s = 11 \text{ kHz} \qquad f_c = 3 \text{ kHz}$$
$$\Delta f = 300 \text{ Hz} \qquad 阻带衰减 A = 80 \text{ dB}$$

19. 如果题18中使用较小的窗函数长度N,则对阻带衰减和过渡带会有什么影响?

20. 利用凯泽窗设计一个线性相位FIR带通滤波器,使其满足如下技术指标:

$$f_s = 10 \text{ kHz} \qquad f_2 = 2\,000 \text{ Hz}$$
$$f_n = 2\,500 \text{ hz} \qquad \Delta f = 400 \text{ Hz}$$
$$A = 65 \text{ dB}$$

要求给出窗长N、参数β,并写出单位脉冲响应$h(n)$,粗略画出滤波器的幅频响应

$20 \lg |H(e^{j\omega})|$,标出各项指标值。

21. 分别利用凯泽窗和频率取样法设计一个线性相位 FIR 高通滤波器,使其满足如下技术指标:

$$f_s = 1\ 000\ \text{Hz} \qquad f_c = 300\ \text{Hz}$$
$$\Delta f = 40\ \text{Hz} \qquad A = 40\ \text{dB}$$

要求给出窗长 N、参数 β,并写出单位脉冲响应 $h(n)$,粗略画出滤波器的幅频响应 $20 \lg |H(e^{j\omega})|$,标出各项指标值。

22. 对于系统函数

$$H(z) = \frac{1 + 2z^{-1} + z^{-2}}{1 - \frac{3}{4}z^{-1} + \frac{1}{8}z^{-2}}$$

试用一阶系统的级联,画出该系统可能实现的流图。

23. 一线性时不变因果系统,其系统函数为:

$$H(z) \frac{1 + \frac{1}{5}z^{-1}}{\left(1 - \frac{1}{2}z^{-1} + \frac{1}{3}z^{-2}\right)\left(1 + \frac{1}{4}z^{-1}\right)}$$

对应每种形式画出系统实现的信号流图。

(1)直接 I 型

(2)直接 II 型

(3)用一阶和二阶直接 II 型节的级联型

(4)用一阶和二阶直接 II 型节的并联型

参考文献

[1] 高西全,丁玉美,阔永红.数字信号处理——原理、实现及应用[M].北京:电子工业出版社,2006.

[2] Sanjit K Mitra. Digital Signal Processing——A Computer-Based Approach, Second Edition, 2001.

[3] 程佩青.数字信号处理教程[M].2版.北京:清华大学出版社,2001.

[4] 周利清,苏菲.数字信号处理基础[M].北京:北京邮电大学出版社,2005.

[5] 王艳芬,王刚,张晓光,等.数字信号处理及实现[M].北京:清华大学出版社,2008.

[6] 史林,赵树杰.数字信号处理[M].北京:科学出版社,2007.

[7] 王瑞英.数字信号处理基础[M].北京:铁道工业出版社,1995.

[8] 张小虹.数字信号处理[M].北京:机械工业出版社,2005.

[9] 程佩青.数字信号处理教程[M].3版.北京:清华大学出版社,2007.

[10] 陈怀琛.数字信号处理教程:MATLAB释义与实现.北京:电子工业大学出版社,2004.

[11] 薛年喜.MATLAB在数字信号处理中的应用[M].北京:清华大学出版社,2003.

[12] 祁才君.数字信号处理技术的算法分析与应用[M].北京:机械工业出版社,2005.

[13] 陆光华,等.数字信号处理[M].西安:西安电子科技大学出版社,2005.